KONZEPTE DER KOLLOIDCHEMIE

Thomas-Graham-Medaille der
Kolloid-Gesellschaft
(Medaille geschaffen von Jürn Ehlers, Darmstadt)

KONZEPTE
DER KOLLOIDCHEMIE

Aussagen aus fünf Jahrzehnten

Ausgewählt von

JÜRGEN STEINKOPFF

Geschäftsführender stellv. Vorsitzender der Kolloid-Gesellschaft e. V.
Darmstadt

Mit einem Nachwort von
Prof. Dr. Hans Wolfgang Kohlschütter
Darmstadt

Mit 16 Abbildungen, 2 Schemata und 8 Tabellen

SPRINGER-VERLAG BERLIN HEIDELBERG GMBH 1975

© 1975 by Springer-Verlag Berlin Heidelberg
Ursprünglich erschienen bei Dr. Dietrich Steinkopff Verlag, Darmstadt 1975

ISBN 978-3-7985-0432-5   ISBN 978-3-662-12186-3 (eBook)
DOI 10.1007/978-3-662-12186-3

CIP-Kurztitelaufnahme der Deutschen Bibliothek
Steinkopff, Jürgen (Hsg.)
Konzepte der Kolloidchemie

Umschlaggestaltung: Karl Riha, Frankfurt a. M.
Herstellung: Druckerei Carl Winter, Darmstadt

Wenn mir nichts anderes gelungen sein sollte, so hoffe ich doch wenigstens die folgenden *Eigentümlichkeiten der reinen und angewandten Kolloidchemie* Ihnen nähergebracht zu haben: Die *Neuartigkeit ihrer Gesichtspunkte,* die überwältigende *Reichhaltigkeit* und die unerschöpfliche *Anwendbarkeit* der Kolloidchemie. Ich glaube, daß diese drei Eigenschaften uns das Recht geben, von der Kolloidchemie als von einer *selbständigen Wissenschaft* zu sprechen, deren systematischer Ausbau und deren Unterricht einen erheblichen wissenschaftlichen und technischen Fortschritt verspricht.

Wenn es wahr ist, daß hier eine Wissenschaft vorliegt, von einem so ungewöhnlichen Reichtum an Phänomenen und Ideen und von so vielseitiger und weittragender Anwendbarkeit, woher kommt es, daß wir nicht *schon lange* eine Kolloidchemie haben? Woher kommt es, daß diese Wissenschaft, die sich zum Teil doch auf ganz gewöhnliche, alltägliche Dinge bezieht, erst seit einem Dutzend von Jahren systematisch betrieben wird, warum ist unsere Aufmerksamkeit erst jetzt auf die Kolloide und deren Eigenschaften gerichtet worden.

Die Antwort auf diese Frage liegt im folgenden: Physik und Chemie haben sich bis vor kurzem ganz vorwiegend beschäftigt entweder mit den Eigenschaften der *Materie in Massen,* mit Kristallen, großen Flüssigkeitsmengen usw. — oder aber mit den *kleinsten Bausteinen der Materie,* mit *Atomen* und *Molekülen.* Wir wissen relativ viel über die Eigenschaften größerer Objekte, und wir reden jedenfalls sehr viel auch über die Eigentümlichkeiten von Molekülen und Atomen. Dieser historischen Entwicklung unserer Naturwissenschaft entsprechend haben wir uns gewöhnt, die Eigenschaften aller Naturgebilde zu betrachten entweder vom Standpunkt unserer Kenntnisse von Materie in Masse, oder aber vom Gesichtspunkt unserer Molekular- und Atomtheorien. *Wir haben bis vor kurzem völlig übersehen, daß es zwischen Materie in Masse und Materie in Molekülen noch ein ganzes großes Erscheinungsgebiet, ja eine ganze Welt von merkwürdigen Phänomenen gibt, die wir weder bei den Erscheinungen der Materie in Masse, noch bei denen der Moleküle wiederfinden.*

Wolfgang Ostwald
in: Die Welt der vernachlässigten Dimensionen
(Dresden und Leipzig, 1. Aufl. 1915, 12. Aufl. 1944)

Vorwort

Der vorliegende Band enthält Betrachtungen zum Thema *Kolloidchemie* aus rund fünfzig Jahren. Die Originaltexte sind zum größeren Teil nicht mehr oder nur schwer zugänglich.

Bei der Auswahl der Beiträge waren zwei Gesichtspunkte maßgebend: Einmal sollten möglichst viele Wissenschaftler zu Wort kommen, welche selbst Entscheidendes zum Fortschritt der modernen Kolloidchemie beigetragen haben; zum anderen sollte durch die einzelnen Beiträge aus verschiedenen Zeiten am Beispiel Kolloidchemie verdeutlicht werden, daß Wissenschaftsentwicklung immer auch die Geschichte von Ideen und Experimenten ist.

So ist ein unterhaltsames Lesebuch (Reader) für Studierende der Naturwissenschaften und für Chemiker, die auf dem Gebiet der Kolloidchemie tätig sind, entstanden. Für den Erfahrenen dürfte diese Zusammenstellung manches bringen, was ihm unbekannt war oder zu eigenem Nachdenken und Experimentieren anregt. Das Buch ist eine Sammlung wissenschaftlicher Selbstzeugnisse. In ihm wird deutlich, daß wissenschaftlicher Fortschritt stets Einzelnen zu verdanken ist, die sich zunächst nicht selten gegen eine Mehrheit Andersdenkender durchsetzen mußten. Auf eine Kommentierung der Texte wurde bewußt verzichtet, ebenso auf nachträgliche Ergänzungen oder Korrekturen bei Beiträgen noch lebender Autoren. Auch wurden Schreibweise und Nomenklatur so belassen, wie sie zur Entstehungszeit der Beiträge üblich waren.

Äußerer Anlaß für das Entstehen dieses Bandes war die 27. wissenschaftliche Tagung der Kolloid-Gesellschaft in Darmstadt 1975, die mit der Themenstellung *Kolloidchemie heute* an die erste Tagung der Gesellschaft 1922 in Leipzig anknüpfte, die damals unter dem Thema stand: *Kolloidchemie der Gegenwart*.

Herrn Prof. Dr. *H. W. Kohlschütter* sei für seine Beratung und Kritik bei der Zusammenstellung der hier vorgelegten Texte herzlich gedankt.

Darmstadt, Sommer 1975   *Jürgen Steinkopff*

Inhalt

Zur Gründung der Kolloid-Gesellschaft

Wolfgang Ostwald [*])

Ich weiß keinen Zweig der heutigen Naturwissenschaften, der derartig viele und verschiedenartige Interessenkreise berührt als die Kolloidchemie. Gewiß, auch Atomtheorie und Radioaktivität interessieren heute jeden intellektuell wachen Menschen. Aber dies sind geistige Delikatessen verglichen mit der Kolloidchemie, die für viele theoretische und praktische Gebiete nötig ist heute wie das liebe Brot.

Ich bekenne mich ferner als überzeugten Anhänger der Meinung, daß *reine und angewandte* Wissenschaft *zusammengehören*, zu beiderseitigem Nutzen. Man spricht viel von den Vorteilen, welche die theoretische Wissenschaft der Praxis gewährt, viel weniger, als es mir richtig erscheint, von den umgekehrten Möglichkeiten. Aber der Mediziner, der am Krankenbett die praktischen Konsequenzen kolloidchemischer Theorien ziehen soll, ist ein scharfer Kritiker unserer theoretischen Laboratoriums- und Schreibtischresultate. Dasselbe gilt für den Techniker und Industriellen: „Es ist ein großer Unterschied, von welcher Seite man sich einem Wissen, einer Wissenschaft nähert, durch welche Pforte man hineinkommt. Der echte Praktiker, der Fabrikant, dem sich die Phänomene täglich mit Gewalt aufdrängen, welcher Nutzen oder Schaden von der Ausübung seiner Überzeugungen empfindet, dem Geld- und Zeitverlust nicht gleichgültig ist, der vorwärts will, von anderen Geleistetes erreichen, übertreffen soll, er empfindet (zuweilen) viel geschwinder das Hohle, das Falsche einer Theorie, als der Gelehrte, dem (zuweilen) zuletzt die hergebrachten Worte für bare Münze gelten, als der Mathematiker, dessen Formel immer noch richtig bleibt, wenn auch die Unterlage nicht zu ihr paßt, auf die sie angewendet worden."

Dies steht bei *Goethe* [1]) und es erscheint mir als ein Ausspruch von seltener Überzeugungskraft. Wir Theoretiker und Praktiker, wir müssen vor einander *bestehen* können. Und hierzu müssen wir näher zusammenkommen und unsere Wege einander zeigen, soweit dies nur möglich ist. Also nicht etwa nur in der Rolle der „wohlhabenden Vettern" wollen wir die Herren aus der Industrie in unserer Mitte sehen. Wir wollen und können von ihnen lernen ebenso wie umgekehrt.

Unser Plan wäre nicht etwas Bemerkenswertes, wenn neben Zustimmungen nicht auch gelegentlich *Einwände* erhoben worden wären. Am häufigsten — freilich auch nur in zwei oder drei Fällen — ist mir entgegengehalten worden, daß die Gründung einer neuen Gesellschaft wieder einmal zu einer *Zersplitterung* der Interessen führe. Hier kann ich nur mit größtem Nachdruck hervorheben: *Im Gegenteil! Eine Zusammenfassung!* So wie ein Lehrbuch der Kolloidchemie keine Zersplitterung etwa der physikalischen Chemie darstellt oder auch nur irgendwie beabsichtigen könnte,

---

[*]) Erstmals erschienen in: Kolloid-Z. **31**, 225 ff. (1922)
[1]) Entwurf einer Farbenlehre, Einleitung, letzter Abschnitt.

sondern eine Zusammenfassung bisher verstreuter z. T. ganz heimatloser Erscheinungen und Gedanken bedeutet — ganz ebenso hat die geplante „Kolloid-Gesellschaft" in ausgesprochenster Weise *sammelnde* Ziele. Man hat weiterhin eingewendet: Warum bildet Ihr Kolloidchemiker nicht einfach eine Sektion z. B. in irgendeiner anderen chemischen Gesellschaft? Hier ist zu sagen, daß erstens keine bestehende *rein chemische* Gesellschaft so gut für uns paßt, daß wir ohne Zwang in sie hineingehen können. Warum nicht? Nun, vielleicht die Hälfte von uns Kolloidchemikern kommt aus Medizin und Biologie. Diese Fachgenossen beanspruchen mit Recht Berücksichtigung *ihrer* Eigenart und *ihrer* speziellen Wünsche. Gerade von medizinischer Seite, von den Herren *Spiro* und *Michaelis,* ist mir — unabhängig voneinander und von meinem eigenen Plan — vor etwa Jahresfrist wieder die Anregung zu einer *eigenen* Kolloid-Gesellschaft zugegangen. Hinzu kommt aber, daß wir schon zu zahlreich, zu kräftig sind, um uns ohne Reibung in bestehende rein chemische Organisationen einfügen zu können. Es erscheint mir als ein überaus normaler Prozeß, daß junge Wissenschaften sich eigene Organisationsformen schaffen, und ich meine, daß man hier ebensowenig von einer Zersplitterung reden kann, wie dann, wenn ein Kind sich von der Mutter löst. Schließlich aber: Was hindert uns, uns *später* einer anderen großen Gesellschaft z. B. der Naturforscher- und Ärzte-Versammlung anzuschließen? Auch dann würden wir offenbar die Organisation einer *Sektion* brauchen, und *diese* Organisation zu schaffen, erscheint mir als die erste und unmittelbar wichtigste Aufgabe ...

Die Kolloidchemie ist eine derartig jugendfrische, reizvolle, so packende Wissenschaft, daß sie Freunde hat, die ihr nicht nur Komplimente machen, sondern die für sie persönliche Opfer bringen, ja sogar für sie zahlen. So ist es uns möglich gewesen, einigen der ferner wohnenden Rednern eine Reisebeihilfe zu geben. An eine Anzahl kolloidchemischer Kinder konnte amerikanisches Geld für Erholung und Ferienreise vermittelt werden.

Zur Geschichte der Kolloidchemie

Alfred Lottermoser[*])

Der Engländer *Graham* wird allgemein als der Vater der Kolloidchemie bezeichnet, obgleich vor ihm z. B. von *Berzelius*, von *Selmi* und *Sobrero* und anderen schon gewichtige Bausteine zum Aufbau dieses Wissenszweiges herbeigetragen und uns heute recht modern anmutende Anschauungen ausgesprochen worden sind.

Graham war derjenige, welcher zuerst den Namen „Kolloid" prägte und eine Definition, gestützt auf seine Studien über Diffusion, gab. Er fand nämlich, daß die meisten gelösten Stoffe imstande sind, in das reine Lösungsmittel mit beträchtlicher Geschwindigkeit hineinzudiffundieren, während einer verhältnismäßig geringen Zahl von Stoffen diese Fähigkeit entweder abgeht oder nur in quantitativ viel kleinerem Maße eigen ist. Ja, er konnte feststellen, daß die letzteren nicht imstande sind, Stoffe ihrer Art zu durchdringen, die Stoffe ersterer Art aber auch in diesem Falle ihre Diffusionsgeschwindigkeit vollkommen beibehalten. Die Stoffe zweiter Art mit der geringen Diffusionsfähigkeit nannte *Graham* Kolloide und ihre Lösungen bezeichnete er als kolloide Lösungen.

Graham hat es wohl selbst nicht direkt ausgesprochen, daß ganz bestimmte Stoffe nur als Kolloide zu bezeichnen seien, nach ihm war diese Ansicht allgemein verbreitet, und man suchte direkt nach neuen kolloiden Stoffen, wenn es auch bereits gelungen war, eine Reihe von Stoffen, die man für gewöhnlich in kristalliertem Zustand kannte, in den kolloiden überzuführen. So unterschied man auch zwischen kristalloiden und kolloiden Stoffen.

Klarheit in diese Anschauungen brachte zuerst der russische Forscher *von Weimarn*, welcher deutlich aussprach, daß der kolloide Zustand ein allgemeiner Zustand der Materie, und daß es daher möglich sei, jeden kristallinischen Stoff auch in den kolloiden Zustand zu versetzen, ja, daß der kolloide Zustand nur ein solcher Zustand der Materie sei, bei dem die Kristalle nur besonders klein ausgebildet sind.

Da es nun im allgemeinen nicht gelingt, leicht lösliche Stoffe in eine kolloide Lösung überzuführen, folgerte *von Weimarn*, daß nur solche Stoffe kolloide Lösungen in einem bestimmten Lösungsmittel bilden, welche in diesem Lösungsmittel sehr schwer löslich, am besten praktisch unlöslich sind ...

Nun ist aber kein Stoff in einem anderen wirklich unlöslich, wir kennen alle Grade von Löslichkeit. Wir müssen demnach also folgern, daß auch disperse Phase und Dispersionsmittel in dieser Beziehung nicht gänzlich ohne Wirkung aufeinander sind. Und wir kennen kolloide Lösungen, wo diese Wirkung recht beträchtlich ist, wo die disperse Phase imstande ist, beträchtliche Mengen des Dispersionsmittels,

---

[*]) Aus: *A. Lottermoser* (1870—1945), Ein Ausschnitt aus der Geschichte der Kolloidchemie, Vortrag am 17. Juli 1930, Sonderdruck (Dresden und Leipzig 1930)

und zwar unter Quellung, in sich aufzunehmen. Solche disperse Phasen nennt man lyophile zum Unterschiede von den dispersen Phasen, die praktisch nicht oder nur minimale Mengen des Dispersionsmittels an sich ketten, die man lyophob nennt. Eine scharfe Grenze zwischen beiden Arten kolloider Lösungen kann man aber nicht feststellen. Ebenso läßt sich zwischen Lösungen lyophiler Kolloide und Systemen, die man als Lösungen schlechthin bezeichnet, und die aus nur einer Phase bestehen, keine scharfe Grenze erkennen.

Diese Tatsachen haben Anlaß zu Meinungsverschiedenheiten gegeben. Während eine Reihe von Forschern die dispersen Systeme als Suspensionen oder Emulsionen, also schlechthin zweiphasige Systeme, bezeichneten, sprach *Zsigmondy* stets von kolloiden Lösungen, um ihre Zugehörigkeit zu den Lösungen zu betonen, obgleich *Zsigmondy* mit Hilfe seines Ultramikroskops unzweifelhaft in dem System eine disperse Phase als eine Anzahl hell-leuchtender Sternchen festgestellt hatte ...

Dieser Widerspruch besteht nur quantitativ, nicht qualitativ, prinzipiell.

Erstens konnte *Zsigmondy* selbst feststellen, daß kolloide Lösungen desselben Stoffes ... im Ultramikroskop einzelne Teilchen oder auch nur einen ganz schwachen Schein erkennen lassen, je nach der feinen Verteilung etwa des Goldes im Dispersionsmittel ... Dann konnte *The Svedberg* nachweisen, daß die Absorptionsspektra kolloider Lösungen um so mehr sich denen wirklicher einphasiger Lösungen desselben Stoffes nähern, je höher der Dispersitätsgrad steigt, und konnte meistens die Farbendispersitätsgradregel *Wolfgang Ostwalds* bestätigen, wonach das Absorptionsmaximum mit steigendem Dispersitätsgrad immer mehr nach dem kurzwelligen Teil des Spektrums rückt.

Endlich aber konnte *Zsigmondy* unter dem Ultramikroskop eine dauernde wimmelnde Bewegung der Teilchen der dispersen Phase erkennen. Die Gesetzmäßigkeiten dieser als *Brown*sche Bewegung bezeichneten Bewegung sind nun von einer Reihe von Forschern, in erster Linie von *Perrin* und *Svedberg*, eingehend studiert worden. Es hat sich dabei ergeben, daß diese Bewegung eine vollkommen unregelmäßige, nur von den Gesetzen der Wahrscheinlichkeit abhängig ist. Hiermit ist aber der wichtigste Beweis geliefert worden, daß zwischen einphasigen Lösungen und kolloiden Lösungen keine prinzipiellen Unterschiede bestehen ...

Somit hat ein Teilchen, welches man im Ultramikroskop erkennen kann, in jeder Beziehung dieselbe Bedeutung wie ein einzelnes Molekül, und der Streit um die Deutung disperser Systeme als kolloide Lösungen oder als Suspensionen oder Emulsionen, der Streit selbst um die Ein- oder Mehrphasigkeit dieser Systeme ist gegenstandslos geworden. Nicht dagegen ist es für die Beurteilung solcher disperser Systeme belanglos, ob in ihnen tatsächlich einzelne getrennte Moleküle von hohem Molekulargewicht oder Molekularaggregate von gleichem Gewicht enthalten sind. Diese Frage steht heute im Vordergrund des Interesses.

Legt man an ein disperses System, in welchem Wasser das Dispersionsmittel ist, eine Potentialdifferenz an, sendet man also durch dasselbe einen elektrischen Strom, so bemerkt man eine Verschiebung der dispersen Phase in eine ganz bestimmte Richtung, meist nach der Anode, dem positiven Pole. Die disperse Phase muß also ähnlich wie ein Anion eine negative Ladung besitzen. Diese Ladung kann aber, da die Lösung selbst nach außen vollkommen elektroneutral sich verhält, nicht allein vorhanden sein, sondern muß von einer gleich großen, entgegengesetzten Ladung in der Lösung kompensiert sein. Man gewinnt also hiernach schon den Eindruck, als ob man eine Elektrolytlösung vor sich habe ...

Als erster hatte *Jordis* darauf hingewiesen, daß es bei vielen kolloiden Lösungen unmöglich ist, sie vollständig von jeglichem Elektrolytgehalt zu befreien, daß vielmehr diese Befreiung mit einer Zerstörung der kolloiden Lösung, einer Koagulation, oder, was dasselbe ist, mit einer sehr starken Dispersitätsverminderung verbunden ist. Ein bestimmter Elektrolytgehalt muß also für die Beständigkeit der kolloiden Lösung Bedingung sein.

Später ist es mir dann gelungen, an den Silberhalogeniden zu zeigen, daß in der Tat ein Halogenionenüberschuß zur Bildung negativ geladenen Halogensilbersols, ein Silberionenüberschuß zur Bildung positiv geladenen Halogensilbersols nötig ist ... Diese Beobachtung steht mit dem Gesetze von *Paneth* und *Fajans* in Einklang, daß immer diejenigen Stoffe besonders stark festgehalten, absorbiert werden, welche mit Bestandteilen des absorbierenden Stoffes, hier des Halogensilbers, schwer lösliche Verbindungen geben. Gleichzeitig wird aber mit Herabminderung der ladungsgebenden, absorbierten Ionen unter eine gewisse Grenze, die Ladung der dispersen Phase unter ein bestimmtes Maß, den kritischen Betrag, herabgedrückt und die Koagulation, die Aggregation der Teilchen der dispersen Phase zu größeren Aggregaten beginnt, weil die Ladung, die ja für die Teilchen von dem gleichen Sinne ist, und die Teilchen infolge elektrostatischer Abstoßung an einer Zusammenballung verhinderte, nun zu klein geworden ist, um diese Aggregation hintanzuhalten.

In dem gleichen Sinne ladungsvermindernd, also koagulierend, wirken Elektrolytzusätze zu kolloiden Lösungen, und zuerst *Schulze*, später *Perrin* haben die Gesetzmäßigkeiten aufgefunden, die man als Wertigkeitsregel bezeichnet, daß die Fällungswirkung um so stärker, die Konzentration, in der gerade noch Fällung hervorgerufen wird, um so kleiner ist, je höherwertig die Ionen des fällenden Elektrolyten sind, welche die der Ladung der dispersen Phase entgegengesetzte Ladung tragen ...

Die aufgezeigten Gesetzmäßigkeiten gelten in erster Linie für die kolloiden Lösungen mit lyophober disperser Phase. Bei dispersen Systemen lyophiler Natur tritt zwar nicht die Erscheinung der unregelmäßigen Reihen, wohl aber die Wertigkeitsregel etwas in den Hintergrund gegenüber einer Ionenwirkung bei Zutritt von Elektrolytlösungen, die eine schon längst bekannte physikalisch-chemische Erscheinung ist, und die man als lyotrope Ionenwirkung bezeichnet. Die Ionen ordnen sich gemäß ihrer Hydratation, und ihre Reihenfolge ist in alkalischer Lösung genau die umgekehrte als in saurer ...

Fragt man nun nach den Methoden, mit deren Hilfe solche kolloide Elektrolyte untersucht worden sind, so kann man sagen, daß in der Hauptsache neben rein analytischen physikalisch-chemische in Frage kommen. Leitfähigkeitsmessungen, Überführungsbestimmungen, elektrometrische Ionenkonzentrationsbestimmungen, Filtrationen durch Filter, welche die disperse Phase zurückhalten, sogenannte Ultrafiltration, wurde angewendet ... Hinzu kommen namentlich bei kolloiden Lösungen mit lyophiler disperser Phase noch Viskositätsbestimmungen und Messungen von Oberflächen- und Grenzflächenspannungen.

Wenn man allerdings von Gleichgewicht zwischen diesen beiden Phasen spricht, so ist dies nicht ganz richtig, vielmehr sind kolloide Systeme in einer dauernden, zuerst schneller, später immer langsamer verlaufenden Umwandlung in stabile Zustände begriffen: sie altern, wie man sagt. Da nun der von *Willard Gibbs* in die physikalische Chemie eingeführte Begriff der Phasen nur für solche Systeme Geltung hat, in denen die Phasen in wirklichem, reversiblem Gleichgewicht sich befinden, so wird der Phasenbegriff in seiner Anwendung für die Kolloidchemie wenn vielleicht auch nicht gegenstandslos, es ist aber geboten, ihn mit äußerster Vorsicht zu gebrauchen.

Zur Topographie und Nomenklatur kolloider Systeme

Wolfgang Ostwald*)

Mit 2 Abbildungen

Kolloide als heterogene Systeme

Kolloide Gebilde, im besonderen kolloide Lösungen, gehören in ihren typischen Vertretern zu den Systemen, welche die allgemeine physikalische Chemie als *mehrphasig* oder *heterogen* bezeichnet. Es ist dies das allgemeinste und wohl auch sicherste Resultat der bisherigen Kolloidchemie.

Unter Phasen versteht man zunächst solche räumliche Gebiete eines der physikalisch-chemischen Betrachtung unterworfenen Gebildes, die in sich gleichförmig sind, von den anderen Gebieten des Gebildes jedoch durch *sprungweise* oder unstetige Übergänge geschieden werden. So unterscheidet man in einem abgeschlossenen Gefäße, das halb mit Wasser gefüllt ist, eine flüssige und eine gasförmige Phase, beim Zusammengießen von Wasser und Schwefelkohlenstoff erhält man zwei flüssige Phasen, und eine Aufschwemmung z. B. von mikroskopischen Quarzpartikeln in Wasser ergibt eine flüssige und eine feste Phase usw. An den sprungweisen Übergängen erleiden in der Regel sehr viele und besonders die physikalischen Eigenschaften des Gebildes plötzliche Änderungen, so daß sich an diesen Stellen physikalische Trennungsflächen oder einfacher gesagt *Ober- oder Grenzflächen* vorfinden. Es muß indessen darauf hingewiesen werden, daß in verschiedenen Fällen sehr *verschiedene* Eigenschaften sowie eine *wechselnde Zahl* von Eigenschaften sich in diesen Grenzflächen sprungweise ändern können. Man ist also berechtigt, von *verschiedenen Arten und Graden der Heterogenität* zu sprechen. So können zwei Phasen optisch heterogen, elektrisch oder thermisch aber homogen sein. Auf der anderen Seite ändern sich an der Berührungsfläche einer flüssigen und festen Phase in der Regel weit mehr physikalische und physikalisch-chemische Eigenschaften als z. B. in der Oberfläche zweier (nicht mischbarer) flüssiger Phasen. Die Unterlassung der Angabe, welche Eigenschaften gemeint wurden, wenn man von der Heterogenität kolloider Systeme sprach, ist zweifellos der Grund mancher Mißverständnisse in der Diskussion über die heterogene Natur der Kolloide gewesen ...

Von besonderer Wichtigkeit für die genaue Charakterisierung der Kolloide als heterogene Systeme ist das Verhältnis von *chemischer* (analytischer) und *physikalischer* Heterogenität. Es ergibt sich nämlich bei genauer Betrachtung, daß zwei räumlich getrennte Gebiete eines Gebildes genau *dieselbe analytische chemische Zusammensetzung* haben können, chemisch-analytisch also homogen sind, während sie *physikalisch* mit *typisch ausgesprochenen Grenzflächen* nebeneinander existieren,

---
*) Aus: *Wolfgang Ostwald* (1883—1943), Grundriß der Kolloidchemie, Teil I, 7. Aufl. (Dresden und Leipzig 1923)

also aus verschiedenen Phasen existieren. Es sei an die sog. *allotropen* Modifikationen der Elemente, z. B. des Schwefels, erinnert, die z. T. wenigstens lange Zeit hindurch nebeneinander bestehen können. Aber auch analytisch identische chemische *Verbindungen,* insbesondere Isomere und Polymere, können ein heterogenes System bilden. Man denke etwa an eine Aufschwemmung von festen Metastyrolpartikeln in flüssigem Styrol oder von Kautschuk in Isopren, ferner an eine Kombination nur begrenzt ineinander löslicher Isomerer usw. Endlich ist eine, wenn auch nur häufig vorübergehende Koexistenz *hylotroper* Phasen, d. h. verschiedener Formarten (Aggregatzustände) eines und desselben chemischen Stoffes möglich. Man denke etwa an Wasser und Wasserdampf oder Wasser mit Eisstückchen.

Es ergibt sich aus dieser Überlegung der sehr wesentliche Schluß, daß die räumliche oder sonstigen Heterogenität der hier betrachteten Gebilde *nicht* an eine *chemische* Heterogenität geknüpft ist, falls man unter der letzteren eine Verschiedenheit der analytischen Zusammensetzung versteht. Vielmehr kommen für uns als kennzeichnend ausschließlich die *physikalischen* Grenzflächen in Betracht . . .

Unter *(physikalisch) heterogenen Systemen* verstehen wir ganz allgemein *räumliche Kombinationen gleichzeitig vorhandener (koexistierender) Phasen . . .*

Kolloide als disperse heterogene Systeme

In gewöhnlichen Fällen kann man die Zahl und Formart der Phasen eines heterogenen Systems ohne weiteres makroskopisch bestimmen. Man denke z. B. an die o. g. Beispiele heterogener Systeme. Von diesen *makroheterogenen* Systemen unterscheiden sich die Gebilde, zu denen die kolloiden Lösungen gehören, besonders durch folgende zwei Eigentümlichkeiten:

Zunächst ist der Wert der *absoluten* Berührungsfläche, d. h. die Anzahl der qcm usw., ein sehr großer. Viel wesentlicher und charakteristischer ist jedoch der Umstand, daß der Wert der *spezifischen Oberfläche*[1]), des Quotienten aus Oberfläche und Volum, in kolloiden Systemen außerordentlich groß ist. Man kann diese Eigentümlichkeit auch dadurch charakterisieren, daß man von einer großen Konzentration der Oberfläche im Volum resp. in der Volumeinheit spricht. — Die unmittelbare Anschauung würde in der *Kleinheit* der einzelnen Teile der Phasen das Charakteristikum dieser Art heterogener Systeme erblicken, und in der Tat spricht man auch häufig von einer weitgehenden *Zerkleinerung* oder *Zerteilung* der Phasen. Indessen ist darauf aufmerksam zu machen, daß erst das gleichzeitige Vorhandensein einer *großen Zahl* kleiner Teile in einem relativ kleinen Volum die Eigentümlichkeiten derartiger Systeme hervorruft. Diese Erwägung zeigt auch, daß nicht so sehr der große Wert der absoluten als derjenige der relativen oder spezifischen Oberfläche hier in Frage kommt.

Die Phasen sind innerhalb des Systems so verteilt, daß das ganze System äußerlich homogen erscheint.

. . .

---

[1]) *Wo. Ostwald,* Pflügers Arch. ges. Physiol. **94,** 251 (1903). Siehe übrigens auch *J. M. van Bemmelen,* Die Absorption S. 23 (Dresden und Leipzig 1910).

Es geht aus diesen Betrachtungen hervor, daß die *kolloiden Lösungen* im Mittelpunkt der Kolloidchemie stehen und stets gemeint werden sollten, wenn man allgemein von „Kolloiden" spricht. Von *Th. Graham* ist in sehr zweckmäßiger Weise für diese räumlich homogenen Systeme auch die besondere Bezeichnung *„Sol"* eingeführt worden. Im Gegensatz hierzu nennt man nach *Graham* Systeme räumlich homogener Herkunft oder Zukunft *„Gele"*.

Heterogene Systeme mit den hier genannten zwei Eigentümlichkeiten bezeichnet man nach *Wo. Ostwald* als *disperse* heterogene Systeme, oder mit einer von *P. P. von Weimarn* vorgeschlagenen Abkürzung einfach als *„Dispersoide"*. Synonym hiermit ist die von *G. Bredig* vorgeschlagene Bezeichnung *„mikroheterogene"* Systeme. Das allgemeine Ergebnis der bisherigen Kolloidforschung besteht also in der Einordnung der kolloiden Systeme in die allgemeine Klasse der Dispersoide, resp. in der Erkenntnis, daß der kolloide Zustand der Stoffe ein besonderer Fall des dispersoiden Zustandes ist.

Disperse Phase und Dispersionsmittel

Bei näherer Betrachtung eines einfachen, z. B. zweiphasigen Dispersoids, etwa einer Suspension, erkennt man leicht, daß die zwei Phasen *geometrisch* oder *gestaltlich* voneinander verschieden sind. Am häufigsten setzt sich die eine Phase aus einer großen Anzahl einzelner Teilvolumina oder Phasenteile zusammen, die voneinander *getrennt* sind. Wegen der Gleichartigkeit dieser Phasenteile in den meisten und wichtigsten Eigenschaften pflegt man nur ihre Summe in Betracht zu ziehen, resp. als *eine* Phase zu bezeichnen. Die Phasenteile können wirklich oder in erster Annäherung Kugelgestalt, aber auch kristallinische Form besitzen; weiterhin können sie beweglich oder nicht beweglich sein. Die andere Phase ist in der Regel in sich *zusammenhängend* und trennt die meist schwebenden Partikel, Tröpfchen oder Bläschen der anderen Phase. Da diese beiden Phasen in der Kolloidchemie sehr oft unterschieden werden müssen, haben sie besondere Namen erhalten. Man nennt die feinverteilte zusammenhang*lose* Phase die *disperse Phase;* die andere zusammenhängende oder „geschlossene" Phase, welche in gewöhnlichen Lösungen das Lösungsmittel darstellen würde, heißt bei kolloiden Systemen das *Dispersionsmittel.* Die englischen Autoren nennen die disperse Phase auch „internal phase", im Gegensatz zur „external phase". Die französischen Forscher unterscheiden zwischen „micelles, granules colloidaux" und „milieu extérieur".

Diese normale und typisch geometrische Beschaffenheit kann in manchen Fällen einem anderen komplizierteren Verhalten speziell der dispersen Phase Platz machen. Die letztere kann nämlich ebenfalls in sich zusammenhängend sein und in Form eines Fadenwerks, Netzes, Schwammes usw. das Dispersionsmittel durchziehen. Derartige Systeme werden z. B. in den Anfangsstadien mancher Koagulationsvorgänge gebildet. Unter diesen Umständen fällt offenbar die auf die geometrische Verschiedenheit begründete Unterscheidung zwischen dieser Phase und Dispersionsmittel fort; höchstens wird man die im Überschuß vorhandene Phase als Dispersionsmittel bezeichnen.

Bei heterogenen Systemen mit *mehr als zwei Phasen* sind naturgemäß die

Verhältnisse viel mannigfaltiger. In den wichtigsten und typischsten Fällen existieren mehrere disperse Phasen in räumlich getrennten Phasenteilen in einem gemeinsamen Dispersionsmittel. So finden z. B. alle Reaktionen zwischen Kolloiden untereinander, wie sie etwa die Immunstoffe zeigen, in einem gemeinschaftlichen Dispersionsmittel statt. Systeme, in denen eine der dispersen Phasen in sich zusammenhängend ist, während die andere aus einzelnen Teilphasen besteht, sind z. B. Membranen kolloider Herkunft, durch welche eine kolloide Lösung filtriert wird.

Spezifische Oberfläche in Dispersoiden; Dispersitätsgrad

Oben wurde die außerordentlich große Oberflächenentwicklung der Phasen oder der hohe Wert ihrer spezifischen Oberfläche als Hauptcharakteristikum der Dispersoide angegeben. Es ist nun zu beachten, daß in einem zweiphasigen typischen Dispersoid folgende dreierlei spezifische Oberflächen zu unterscheiden sind:

1. $\dfrac{\text{Absolute Oberfläche der gesamten dispersen Phase}}{\text{Gesamtvolum der dispersen Phase}}$,

2. $\dfrac{\text{Absolute Oberfläche des Dispersionsmittel}}{\text{Gesamtvolum des Dispersionsmittels}}$,

3. $\dfrac{\text{Absolute Oberfläche eines \textit{einzelnen} Teilchens der dispersen Phase}}{\text{Volum eines \textit{einzelnen} Teilchens der dispersen Phase}}$.

Die zuerst genannte spezifische Oberfläche ist zweifellos die das System am besten charakterisierende. Bei Vorgängen innerhalb eines Dispersoids, die von Oberflächenänderungen begleitet werden, können alle drei, müssen aber stets zwei spezifische Oberflächen ihre Werte ändern. Verdünnt man z. B. eine Suspension von Quarzteilchen, so ändern sich nur die erstgenannten zwei spezifischen Oberflächen. Allerdings variiert in *kolloiden* Systemen nicht selten bei Konzentrationsänderungen auch die dritte spezifische Oberfläche oder die Größe der dispersen Teilchen. Bei Koagulationsvorgängen nehmen in der Regel alle drei spezifischen Oberflächen ab ...

Statt des Begriffs der spezifischen Oberflächen können wir auch den vielleicht etwas anschaulicheren des *„Dispersitätsgrades"* einführen. Der Dispersitätsgrad nimmt also z. B. stark zu mit progressiver Zerteilung eines gegebenen Volums.

Bekanntlich zeigen nun schon die Oberflächen fester und flüssiger Körper von gewöhnlichen Dimensionen eine ganze Reihe eigentümlicher Erscheinungen, deren Intensität gleichsinnig mit der absoluten und spezifischen Oberfläche der betreffenden Körper wächst. Es sei erinnert an die Verdichtungserscheinungen der Gase an festen Oberflächen, an die mannigfaltigen Wirkungen der Oberflächenspannung in Flüssigkeitsflächen, ferner daran, daß die Mehrzahl der elektrischen Erscheinungen sich an Oberflächen abspielt usw. Zu berücksichtigen ist dabei, daß weniger die absolute als die spezifische Oberfläche für das Zustandekommen dieser Erscheinungen verantwortlich zu machen ist. So treten z. B. die Kapillarerscheinungen in größerem Maßstab eben nur an stark gekrümmten Oberflächen auf. Weiterhin vergleiche man etwa die Wirkungen einiger Quadratmeter Platinblech oder z. B. den Einfluß der aus Platin bestehenden Gefäßwände auf ein Knallgasgemisch mit der Wirkung, die einige mg Platinmohr von ungefähr gleicher *absoluter,* aber außerordentlich viel größerer *spezifischer* Oberfläche ausüben.

Klassifikation der Dispersoide nach ihrem Dispersitätsgrade

Offenbar kann der Dispersitätsgrad neben der Zahl der das System zusammensetzenden Phasen als Klassifikationsprinzip innerhalb der Dispersoide angewandt werden. Die Zahl der Phasen ist im allgemeinen für eine Systematik der Dispersoide und speziell der Kolloide relativ belanglos, da bei weitem die meisten und wichtigsten hierher gehörigen Systeme zwei- und dreiphasig sind. Andererseits gestattet der Dispersitätsgrad augenscheinlich eine viel feinere Einteilung dispersoider Systeme.

In der Tat ist nun auch von *R. Zsigmondy* [2]) eine Tafel entworfen worden, auf welcher disperse Systeme entsprechend ihrem Dispersitätsgrad klassifiziert werden. Es ergibt sich aus dieser Tafel, daß das Gebiet der Kolloide ungefähr eine Mittelstellung innerhalb der z. Z. bekannten Dispersoide einnimmt. Als *untere* Dispersitätsgrenze bezeichnet *Zsigmondy* einen Durchmesser der Teilchen von ca. 0,1 μ, d. h. eine spezifische Oberfläche der dispersen Phase von ca. $6 \cdot 10^5$. Dies ist ungefähr die Teilchengröße, bei welcher Suspensionen und Emulsionen nicht mehr zu sedimentieren oder aufzunehmen pflegen. Der Wert 0,1 μ stellt ungefähr die äußerste Grenze mikroskopischer Sichtbarkeit dar. Von hier aus beginnt nun nach *Zsigmondy* das Gebiet der kolloiden Lösungen und erstreckt sich bis zu einer Teilchengröße von etwa 1 $\mu\mu$, d. h. bis zu einem Werte der spezifischen Oberfläche oder bis zu einem Dispersitätsgrade von ca. $6 \cdot 10^7$. Die Gestalt der Teilchen ist dabei in allen Fällen ungefähr würfelförmig angenommen worden. Der Wert 1 $\mu\mu$ ist etwas geringer als der kleinste Teilchendurchmesser, welcher auf ultramikroskopischem Wege bisher beobachtet werden konnte (ca. 6 $\mu\mu$). Der Dispersitätsgrad kolloider Lösungen variiert also nach dieser Aufstellung zwischen $6 \cdot 10^5$ und $6 \cdot 10^7$.

Von *H. Siedentopf* [3]) und *R. Zsigmondy* [4]) ist für die einzelnen Teilphasen typischer Dispersoide eine Nomenklatur angegeben worden, welche sich auf ihren Dispersitätsgrad bezieht. Mikroskopisch sichtbare Teilchen heißen „*Mikronen*", die nur auf ultramikroskopischem Wege sichtbar zu machenden Teilchen „*Submikronen*" oder „*Ultramikronen*". Die disperse Phase kolloider Lösungen würde sich also aus Submikronen (Ultramikronen) zusammensetzen. Endlich läßt sich auf mehreren Wegen noch die Existenz von Teilchen nachweisen, von deren Größe man nur weiß, daß sie unterhalb der ultramikroskopischen Sichtbarkeitsgrenze liegt,

---

[2]) *R. Zsigmondy,* Zur Erkenntnis der Kolloide, S. 22 (Jena 1905).
[3]) *H. Siedentopf,* Berlin. klin. Wschr. **1904,** Nr. 32.
[4]) *R. Zsigmondy,* Zur Erkenntnis der Kolloide, S. 87 (Jena 1905).

mit anderen Worten geringer als 1 μμ ist. Diese Teilchen, zu welchen also Moleküle und ihre Teilprodukte gehören, nennt man „*Amikronen*".

Um eine ungefähre Anschauung von den verschiedenen Teilchengrößen typischer und bekannter Dispersoide zu geben, ist die beiliegende Tafel (Abb. 1) entworfen worden (in der Hauptsache nach Angaben von *R. Zsigmondy*). Hiernach wären also menschliche Blutkörperchen, Stärkekörner, Bac. anthrax, Kaolin- und Mastix-partikel *Mikronen*, die gezeichneten Goldpartikel *Submikronen* und die feinsten, ultramikroskopisch nicht differenzierbaren Goldpartikel, Stärkemoleküle und kleinere Teilchen *Amikronen* . . .

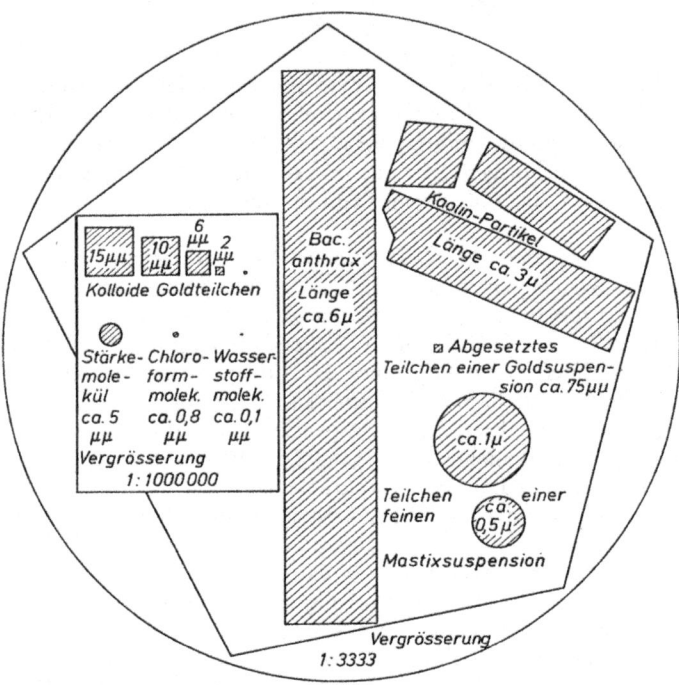

Abb. 1. Vergleichende Darstellung verschiedener Teilchengrößen (Verkleinerte Wiedergabe der Originalabbildung).

Der *kreisförmige* Umriß entspricht dem Durchmesser eines menschlichen Blutkörperchens (ca. 7,5 μ), das große unschraffierte *Fünfeck* veranschaulicht ein Reisstärkekorn mittlerer Größe (ca. 7 μ). Die in der *eingerahmten* Nebentafel gezeichneten Teilchen sind im Vergleich denen der Haupttafel 333 mal vergrößert.

Die Tafel wurde zusammengestellt vorwiegend auf Grund der Tafeln und Angaben in *R. Zsigmondy*, Zur Erkenntnis der Kolloide (Jena 1905), die Teilchengrößen der Mastixsuspension entsprechen denjenigen, mit welchen *J. Perrin* (Kolloid-Beih. **1**, 221, 1910) seine Versuche anstellte.

Aus der Einteilung von *Zsigmondy* geht nun hervor, daß sowohl die Dispersoide von ganz geringem als auch von ganz besonders großen Dispersitätsgrade nicht zu den speziell hier zu behandelnden Systemen gehören. Es ist zweckmäßig, diese extremen Dispersoide mit besonderem Namen zu kennzeichnen. Dispersoide von einem geringeren Dispersitätsgrad als $6 \cdot 10^5$, also mikroskopische Suspensionen, Emulsionen und Schäume sollen *eigentliche oder grobe Dispersionen*, Dispersoide von einem höheren Dispersitätsgrade als $6 \cdot 10^7$ *„Molekulardispersoide"* genannt werden. Dabei entsprechen die Molekulardispersoide ungefähr den „Kristalloiden" von *Th. Graham.* Da diese letztere Bezeichnung indessen auf Voraussetzungen beruht, welche nicht oder nicht unmittelbar mit dem Dispersitätsgrad der betreffenden Systeme verknüpft sind, so ist der andere voraussetzungslosere Ausdruck vorzuziehen. Berücksichtigt man endlich, daß auch Moleküle noch in kleinere Spaltprodukte, nämlich in *Ionen* zerfallen können, so erhalten wir Systeme, die nach einem Vorschlag von *The Svedberg*[5]) als „iondispers" oder als *„Ionendispersoide"* bezeichnet werden. Allerdings sei mit Nachdruck darauf hingewiesen, daß Ionen, und besonders die in kolloiden Lösungen auftretenden Ionen, keineswegs *stets* Spaltprodukte von Molekeln sein müssen und dementsprechend keineswegs immer einen höheren Dispersitätsgrad als letztere zu haben brauchen ...

Folgendes Schema (Abb. 2) veranschaulicht unter Berücksichtigung dieser Erweiterungen die Klassifikation der Dispersoide nach ihrem Dispersitätsgrad:

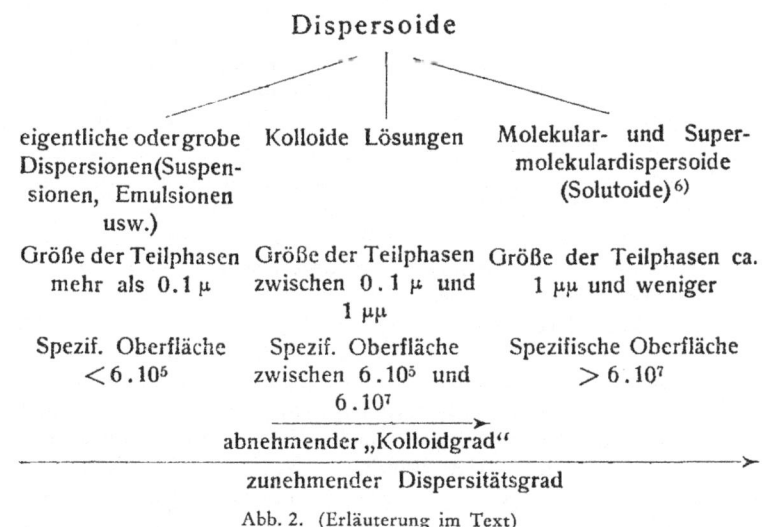

Abb. 2. (Erläuterung im Text)

[5]) *The Svedberg*, Studien zur Lehre von den kolloiden Lösungen. Nova Acta R, Soc. Scient. Upsaliensis, Ser. IV, II, 1 (Uppsala 1907).

[6]) Dieser Name ist von *P. P. von Weimarn* vorgeschlagen worden (Kolloid-Z. 7, 155, 1910). Bemerkt sei noch, daß dieser Forscher die Namen „Kolloid" resp. „kolloide Lösung" überhaupt vermieden und durch allgemeinere z. B. „Dispersoid" usw. ersetzt, und in entsprechender Weise „Kolloidchemie" durch „Dispersoidchemie" vertreten zu sehen wünscht. Obschon nun der Verfasser dieser Darstellung hier selbst derjenige gewesen ist, der die Erweiterung der Lehre von den Kolloiden zu der allgemeinen von den dispersen Systemen und auch die entsprechende Nomenklatur vorgeschlagen hat, so kann er die absolute

Zu dieser Klassifikation der Dispersoide gemäß ihrem Dispersitätsgrade sind noch folgende Bemerkungen zu machen.

Theoretisch ist der Dispersitätsgrad offenbar eine *stetig* veränderliche Größe. Infolgedessen sind alle Übergangswerte zwischen den einzelnen Klassen der Dispersoide durchaus *denkbar*. Es ist nun von großer Wichtigkeit, daß speziell die Übergangswerte zwischen dem Gebiet der kolloiden Lösungen und einerseits den Molekulardispersoiden, andererseits den groben Dispersionen nicht nur theoretisch denkbar sind, sondern auch experimentell nachgewiesen werden können . . .

Angesichts der experimentellen Tatsachen ergibt sich, daß die Klassifikation der Dispersoide gemäß ihrem Dispersitätsgrade eine *willkürliche* ist. Man könnte mit einiger Berechtigung z. B. Klassen von Dispersoiden aufstellen, deren Dispersitätsgrade etwa um eine Zehnerpotenz voneinander verschieden sind. Während man also theoretisch durchaus die Willkür der vorgeschlagenen Klassifikation hervorheben muß, so ergibt sich auf der anderen Seite zweifellos eine *praktische* Rechtfertigung der vorgeschlagenen Abgrenzungen. Die angegebenen Dispersitätswerte sind nämlich darum gewählt worden, weil sich bei ihnen *andere* Eigenschaften dispersoider Systeme in auffälligem Maße *sprungweise* ändern. So hört bei einem Durchmesser von 0,1 μ nicht nur die mikroskopische Sichtbarkeit einer direkten Bilderzeugung auf, sondern Dispersoide verlieren in diesem Dispersitätsgebiete die Fähigkeit zur Diffusion, sie sedimentieren nicht mehr freiwillig, werden dialysierbar, zeigen nicht mehr Veränderungen des Gefrier- und Siedepunktes ihrer Dispersionsmittel usw. Auf der anderen Seite nehmen die genannten Eigenschaften einen sehr plötzlichen und steilen An- oder Abstieg, wenn man sich den molekularen Dimensionen nähert. Diese *unstetigen* Änderungen *anderer* Eigenschaften sind also die eigentlichen Grundlagen für die Klassifikation der Dispersoide nach ihrem Dispersitätsgrade. Daß andererseits auch eine zahlenmäßige Charakterisierung nach ihrem Dispersitätsgrade von großer Wichtigkeit ist, geht schon daraus hervor, daß die Dispersität ganz allgemein als Hauptcharakteristikum der hier zu besprechenden Gebilde angesehen werden muß.

Bei der praktischen Bestimmung des Dispersitätsgrades z. B. kolloider Lösungen hat sich vielfach herausgestellt, daß auch disperse Systeme existieren, in welchen die einzelnen Teilphasen eine verschiedene Größe haben, resp. bei denen der Dispersitätsgrad der dispersen Phase als *zusammengesetzt* bezeichnet werden muß. Solche Systeme sind nach den Untersuchungen von *L. Michaelis*[7]) z. B. wässerige Lösungen von Farbstoffen wie Fuchsin, Methylviolett usw., Systeme, in denen außer einer mikroskopisch bzw. ultramikroskopisch wahrnehmbaren dispersen Phase noch eine ultramikroskopische resp. molekulardisperse Phase vorhanden ist. Ein analoges Verhalten gilt wahrscheinlich auch für viele Eiweißlösungen, wie z. B. aus sog. Ultrafiltrationsversuchen hervorgeht; aber auch in Goldhydrosolen besitzen die

---

„Unbrauchbarmachung" des Wortes „Kolloid" aus mehreren, meist naheliegenden Gründen nicht zweckmäßig finden . . .

Anmerkung der Redaktion: Wie der auf S. 18 folgende Beitrag von *P. P. von Weimarn* zeigt, hat sich dieser von *Wolfgang Ostwald* überzeugen lassen und spätestens seit 1925 Begriffe wie „Kolloide" und „Kolloidchemie" akzeptiert und übernommen.

[7]) *L. Michaelis*, Dtsch. med. Wschr. 1904, Nr. 24; Virchows Arch. **179**, 195 (1905).

einzelnen z. B. ultramikroskopisch feststellbaren Teilchen häufig sehr verschiedene Größe ...

Will man für diese Systeme, in denen also die disperse Phase sich aus Einzelphasen *mehrfachen* Dispersitätsgrades zusammensetzt, einen besonderen Namen einführen, so kann man sie vielleicht als *polydisperse* Systeme resp. als *Polydispersoide* bezeichnen.

Bei einer ganzen Anzahl sowohl molekularer als kolloider Dispersoide hat man die merkwürdige Tatsache beobachtet, daß *der Dispersitätsgrad mit der Konzentration stetig variierte*, und zwar in allen bisher bekannten Fällen abnahm mit steigender Konzentration. So ist z. B. Rohrzucker in verdünnten Lösungen mit allen typischen Attributen eines Molekulardispersoids versehen. Untersucht man aber ... Rohrzuckerlösungen variierender Konzentration mit dem *Tyndall*-Effekt, so findet man, daß höhere Konzentrationen einen sehr kräftigen Lichtkegel geben und sich somit optisch als *sub*molekulardispers erweisen. Ganz analoge Erfahrung macht man mit den Lösungen z. B. von Aluminiumsulfat und anderer Salze, ferner besonders mit Farbstoffen, Eiweißkörpern usw. ...

Wir wollen derartige Systeme, die auch bei den der engeren Kolloidchemie angehörigen Dispersoiden eine sehr wichtige Rolle spielen, ... als „*konzentrationsvariable Systeme*" kennzeichnen.

In ganz analoger Weise wie durch Konzentrationsänderung kann ein Dispersoid seinen Zerteilungsgrad auch mit der Temperatur ändern. Soweit bekannt entspricht der Konzentrationserhöhung die Temperaturerniedrigung derart, daß Dispersoide bei niedriger Temperatur die Tendenz haben, *weniger* dispers zu werden. Auch hier sind schon bei Molekular-Dispersoiden zur Erklärung von sog. Anomalien vielfach „Polymerisationen, Kondensationen" usw. angenommen worden[8]), und analoge, in noch größerem Maßstab vor sich gehende Dispersitätsverringerungen finden wir auch in kolloiden Systemen wieder ...

In analoger Weise sollen Dispersoide, welche die genannte Eigentümlichkeit zeigen, als „*temperaturvariable Dispersoide*" bezeichnet werden.

Es existiert nun eine weitere Klasse von komplizierteren Systemen, welch letztere theoretisch und auch in der experimentellen Kolloidchemie von ganz besonderem Interesse sind. Sie sind gekennzeichnet dadurch, daß *sowohl die disperse Phase als auch das Dispersionsmittel, jedes für sich, ebenfalls ein Dispersoid ist*. Wie leicht einzusehen ist, muß der Dispersitätsgrad dieser Einzeldispersoide *stets höher* sein als der des Gesamtdispersoids ...

Die bekanntesten und durchsichtigsten Beispiele für derartige „*komplexe Dispersoide*" finden sich bei Emulsionen, d. h. bei Systemen, in denen beide Phasen flüssig sind. Besonders schöne Fälle bilden die sog. *kritischen Flüssigkeitsgemische* und die ihnen nahestehenden Systeme ... Eine besondere Eigentümlichkeit dieser komplexen Dispersoide liegt darin, *daß bei Konzentrations- und Temperaturänderungen des makrodispersen Systems sich auch die Zusammensetzung der Mikrodispersoide ändert*. Hat man z. B. Phenoltröpfchen im wäßrigen Dispersionsmittel, so enthalten *beide* Phasen sowohl Phenol als Wasser. Ändert man nun die Konzentration der Emulsion durch Zusatz irgendeines ihrer Bestandteile, z. B. durch

---

[8]) Siehe Beispiele und Literatur bei *H. Schade*, Kolloid-Z. 7, 26 (1910).

Wasser, so ändert sich die Zusammensetzung *beider* Phasen. Je mehr Wasser hinzugegeben wird, um so wasserreicher wird auch die Phenolphase bis zu einer bestimmten Grenze, bei der nämlich das Phenol mit Wasser *gesättigt* ist usw. In analoger Weise wirkt Temperaturvariation ...

Die *Übergangserscheinungen* zwischen den einzelnen Klassen von verschiedenem Dispersitätsgrad sind aus mehreren Gründen von ganz besonderem Interesse. Unsere Kenntnisse von den Eigenschaften dispersoider Systeme verteilen sich z. Z. so, daß wir viel von typischen Molekulardispersioden, etwas weniger von typischen Kolloiden und vielleicht noch weniger von typischen groben Dispersionen wissen. Ganz vernachlässigt aber waren bis in die neueste Zeit die nicht typischen Vertreter aller drei Klassen, d. h. die Übergangserscheinungen einerseits zwischen groben Dispersionen und Kolloiden, andererseits zwischen Kolloiden und Molekulardispersoiden. Diese Sachlage hat ihre historischen Gründe. Bekanntlich war der Begründer der Kolloidchemie, *Th. Graham*, von den Verschiedenheiten zwischen typischen Kolloiden und typischen Molekulardispersoiden so durchdrungen, daß er beiderlei Systeme als „verschiedene Welten der Materie" bezeichnete. Die große Mehrzahl seiner Nachfolger folgte ihm auf diesem Wege, und erst in neuerer Zeit werden die Bemühungen seltener, möglichst scharfe *Unterschiede* speziell zwischen Kolloiden und Molekulardispersoiden aufzufinden. Das Resultat dieser Untersuchungen war ein negatives, indem nämlich aus ihnen gerade die Nichtexistenz eines scharfen Unterschiedes folgte. Gleichzeitig war dies Resultat der Ausgangspunkt[9]) und die Grundlage für die Aufstellung des Begriffes Dispersoid und damit für eine rationale Systematik dieser Gebilde ...

Zur Nomenklatur

Dispersoide, welche die zuvor beschriebenen Eigenschaften haben, deren Dispersitätsgrad zwischen $6 \cdot 10^5$ und $6 \cdot 10^7$ variiert, und deren disperse Phase schließlich gleichmäßig im Dispersionsmittel verteilt ist, nennt man *Sole*. Dieser Name stammt von *Th. Graham*[10]). Spricht man *allgemein* von einem „*Kolloid*", so meint man dasselbe fast stets in dem angegebenen Zustande, nämlich im *Solzustande*. Neben dem Solzustand unterscheidet man ebenfalls nach *Graham* den *Gelzustand*. Ein Sol wird zum Gel, wenn er seinen Dispersitätsgrad derartig verringert, daß dieser die angegebene, für Kolloide charakteristische untere Grenze unterschreitet, mit anderen Worten: wenn das System *mikroskopisch heterogen* wird ... Das Sol „fällt aus, gerinnt, koaguliert, zementiert" usw. Das ebenfalls zuweilen für diesen Vorgang gebrauchte Wort „*gelatinieren*" wird zweckmäßig für einen von der gewöhnlichen „*Fällung, Gerinnung, Koagulation*" deutlich unterscheidbaren Vorgang reserviert.

Die der „Koagulation" usw. entgegengesetzt verlaufenden Erscheinungen, die also sowohl zu einer Dispersitäts*vergrößerung* als auch zur Erreichung oder Annäherung an eine räumlich gleichmäßige Verteilung der dispersen Phase im

---

[9]) *Wo. Ostwald*, Kolloid-Z. **1**, 291, 331 (1907).
[10]) *Th. Graham*, Phil. Trans. Roy. Soc. **1861**; Liebigs Ann. **121**, 1 (1862).

Dispersionsmittel führt, nennt man, ebenfalls mit *Graham*, „*Peptisation*". Im allgemeinen bezeichnet man alle Variationen des Dispersitätsgrades und der damit zusammenhängenden Eigenschaften kolloider Systeme nach einem treffenden von *Wo. Pauli* eingeführten Namen als „*Zustandsänderung kolloider Systeme*".

Lassen sich zwei entgegengesetzt verlaufende Zustandsänderungen an einem Kolloid durch Wiederherstellung der Ausgangsbedingungen umkehren, „löst sich" also z. B. ein durch Salz gefälltes Kolloid in reinem Wasser wieder auf, so pflegt man das Kolloid „*reversibel*", im anderen Falle „*irreversibel*" zu nennen. Es ist wohl zu beachten, daß die Reversibilität einer Zustandsänderung *nicht* ausschlaggebend von der Natur des Kolloids, sondern ebenfalls sehr wesentlich von der Beschaffenheit der Faktoren, welche die Koagulation hervorrufen, bestimmt wird. So ist z. B. die Fällung von typischen Eiweißsolen durch Neutralsalze reversibel, durch Erhitzung irreversibel. Man kann also nicht, wie allerdings noch häufig in der Literatur anzutreffen ist, von reversiblen und irreversiblen *Kolloiden*, sondern nur von reversiblen und irreversiblen *Zustandsänderungen der Kolloide* sprechen . . .

Je nach der chemischen Bezeichnung des Dispersionsmittels unterscheidet man *Hydrosole und -gele*, Alkosole (Alkoholsole) und -gele, Sulfosole (Schwefelsäuresole) und -gele, Organosole (in denen das Dispersionsmittel eine organische Flüssigkeit ist) usw. Die chemischen Namen der dispersen Phase setzt man voran, also z. B. Goldhydrosol, Kieselsäurealkogel, Eisxylosol usw.

Der kolloide Zustand als allgemeiner Zustand

Peter von Weimarn*)

Die Ausdrücke: kristallinisch, amorph, kolloid

Wenn ich sage, daß eine gegebene Bildung *kristallinisch* ist, so soll das heißen, daß man mit unbewaffnetem resp. bewaffnetem Auge (Mikroskop) die kristallinische Form der Teilchen, aus denen die in Frage kommende Bildung besteht, feststellen kann. Wenn ich den Ausdruck *amorph* gebrauche, so denke ich an eine Bildung, die aus Teilchen besteht, deren Kristallinität sich nicht durch eine Untersuchung ihrer Form mittels des modernen Mikroskops feststellen läßt. Ich werde als *kolloid* nur solche Systeme oder Bildungen bezeichnen, welche wirklich allgemein als typische Formen der Stoffe anerkannt waren, welche unbestritten der „Welt der Kolloide" angehören und auch jetzt anerkannt werden, z. B. die gallertartigen Formen ...

Der *kolloide Zustand* erscheint in zwei Charakterformen: der kolloiden Lösung und des kolloiden Niederschlages, welcher sich aus dieser Lösung ausscheidet ... (S. 2–3).

Folgerungen

I. Jeder Stoff, der zum Ausscheiden aus einer Lösung strebt, die einen größeren inneren Widerstand hat ..., erleidet folgende Veränderungen: zuerst erscheint er in Form eines Hydrosols ..., welches auf Grund der höheren Konzentration erst in ein Hydrogel und schließlich in einen amorphen Zustand übergeht. Die Zeiträume, welche für diese Übergänge erforderlich sind, schwanken in sehr weiten Grenzen. Unter günstigen Umständen verläuft der Übergang des sich ausscheidenden Stoffes durch alle Phasen bis zum kristallinischen Zustande in sehr kurzer Zeit (S. 52).

II. Zwischen den kolloiden, amorphen und kristallinischen Zustandsformen eines gegebenen Stoffes kann man keine scharfen Grenzen aufstellen; denn der gegenseitige Übergang aus der einen Form in die andere geschieht allmählich in dem Grade, wie die Widerstände von den Kräften, welche den Stoff in einem kristallinischem Zustande auszuscheiden streben, überwunden werden (S. 53).

---

*) Aus: *P. P. von Weimarn* (1879–1935), Die Allgemeinheit des Kolloidzustandes, Band I, 2. Auflage, (Dresden und Leipzig 1925).

Die Erscheinungen und Vorgänge, welche später nach *Thomas Grahams* Arbeiten als kolloid-chemische bezeichnet wurden, waren natürlich schon seit alters her bekannt. Ich will mich nicht in die Zeiten der Alchimisten hineinwagen und fange meine historische Übersicht mit dem Ende des 18. Jahrhunderts an.

Der glänzendste Vertreter der Anschauungen, welche gegen Ende des 18. und Anfang des 19. Jahrhunderts in bezug auf die Systeme, die wir jetzt zu dem Gebiet der Dispersoidologie zählen, war zweifellos *Moritz Ludwig Frankenheim* — vgl. u. a. „De crystallorum cohaesione" (Breslau 1829), „Die Lehre von der Cohaesion" (Breslau 1835) und „System der Kristalle" (Breslau 1842).

Dieser hervorragende Naturforscher hat nicht nur das gesamte, zu seiner Zeit existierende experimentelle Material zusammengetragen, sondern er hat dieses Material auch durch eigene Untersuchungen reichlich ergänzt und mit äußerster Einfachheit und zugleich mit voller Deutlichkeit die herrschenden Anschauungen seiner Zeitperiode in bezug auf kolloid-amorphe Bildungen zum Ausdruck gebracht; dabei hat er diese Anschauungen mit großem Mut und einer Beharrlichkeit, welche nur in der tiefsten Überzeugung wurzeln konnte, gegen die Angriffe der Kritik, welche nach der Veröffentlichung der Schriften des Vaters der Lehre von der „Amorphie", *Johann Nepomuk Fuchs* (1833), diese Ideen öfters angefochten hat, zu verteidigen gewußt ...

Die Systeme, welche heutzutage kolloide Lösungen genannt werden, wurden als feinste Suspensionen entweder von kleinsten Kriställchen oder von äußerst kleinen Tröpfchen betrachtet. Die Niederschläge, welche später die Benennung „amorphe" Niederschläge erhielten, die gallertartigen Systeme, die Gallerten und die Gläser wurden am Ende des 18. und im Anfang des 19. Jahrhunderts als Systeme, welche aus äußerst feinen Kriställchen bestehen, aufgefaßt; bei Gallerten und gallertartigen Niederschlägen wurde angenommen, daß diese Kriställchen von einem flüssigen Medium durchtränkt waren.

Die Erscheinungen, welche wir jetzt als Koagulation kolloider Lösungen infolge Erwärmung oder infolge eines Zusatzes von Salzen und anderer Stoffe bezeichnen, waren *M. L. Frankenheim* wohl bekannt ... (S. 386—387).

Obgleich die Systeme und Erscheinungen, welche wir jetzt Kolloide nennen, auch vor der Veröffentlichung (1861) der Arbeiten von *Thomas Graham* untersucht wurden, gehört doch nur *Thomas Graham* unstreitbar die Ehre, als Urheber der Lehre von den Kolloiden anerkannt zu werden.

Wir haben es den Untersuchungen dieses hervorragenden englischen Gelehrten zu verdanken, daß die Aufmerksamkeit der ganzen wissenschaftlichen Welt der „besonderen Welt der Kolloide" zugewandt wurde. Dieses Konzentrieren des wissenschaftlichen Interesses auf die „Kolloide" wurde von *Thomas Graham* durch seine berühmten Antithesen und scharfen Betonungen der *Unterschiede* der Welten der Kolloide und der Kristalloide erreicht ... (S. 409).

Die Ursachen des kolloiden Zustandes der Materie wurden von *Thomas Graham* auf die Verschiedenheiten „der innersten Molekularstruktur" der sich in diesem Zustande befindenden Stoffe und zugleich auf die Tatsache, daß im Gegensatz zu den Kristalloiden die Kolloide in ihren Lösungen „nur durch eine äußerst schwache Kraft" gehalten werden, zurückgeführt.

Thomas Graham hat einfach nicht gewußt, wie sich diese „innerste Molekularstruktur" verändern ließe, um Stoffe aus der „Welt der Kolloide" in die „Welt der Kristalloide" überzuführen, doch hat er derartige Übergänge entweder wie z. B. bei dem Albumin als „extreme Abweichung von seinem Normalzustande" charakterisiert oder überhaupt für sehr schwer erreichbar, aber immerhin für möglich gehalten; allerdings hat er mit vollkommener Bestimmtheit behauptet, daß „das Verdünnen ohne Zweifel den Kolloidcharakter der Substanz schwächt". Diese letzte Behauptung enthält sogar gewissermaßen eine Andeutung auf die Übergangsbedingungen aus dem kolloiden Zustande in den kristalloiden ... (S. 414—415).

Nach der Veröffentlichung der fundamentalen Arbeiten Thomas Grahams hat sich die Lehre von den Kolloiden im Laufe von etwa 30 Jahren fast ausschließlich in der Richtung der Lösungshypothese entwickelt. So hat z. B. der amerikanische Gelehrte M. Carey Lea, welcher konzentrierte kolloide Silberlösungen hergestellt hat, die Entstehung dieser Lösungen durch allotropische Formen des Silbers, also im Sinne einer verschiedenen (im Vergleich zu gewöhnlichem Silber) „innersten Molekularstruktur" (Thomas Graham) erklärt.

Ebenso haben die Bestimmungen der Molekulargewichte der Kolloide nach Raoults Methode, welche von einer ganzen Reihe von Gelehrten — H. T. Braun, G. H. Morris, E. Paterno, J. H. Gladstone und W. Hilbert, N. E. Armstrong, A. Sabanejew u. a. 1889—1890 — ausgeführt wurden, für kolloide Stoffe äußerst hohe Molekulargewichte ergeben, was gleichfalls mit einer komplexen „innersten Molekularstruktur" in Zusammenhang gestellt werden konnte.

Die von H. Schulze 1882 aufgestellte Regel, welche von den Koagulationserscheinungen der Kolloide unter dem Einfluß von Elektrolyten handelt, und welche die „fällende Kraft" der Elektrolyte mit ihrer Wertigkeit in Zusammenhang bringt, wurde für die gegenseitige Näherung der kolloiden Lösungen und der Suspensionen, welche bekanntlich durch Zusatz von Salzen ebenso zum Koagulieren gebracht werden können, nicht sofort ausgenutzt.

Im Jahre 1892 beginnt der Streit zwischen den Anhängern der Lösungshypothese und der Suspensionshypothese der Kolloide; diese letzte Hypothese wurde dank den Untersuchungen von C. Barus und E. A. Schneider (1891) der Vergessenheit entrissen.

Diese Gelehrten haben zahlreiche Tatsachen zugunsten der Anschauung angeführt, daß man die kolloiden Lösungen nicht nur vom Standpunkte Thomas Grahams (der Lösungshypothese) aus, laut welchem der kolloide Zustand durch Verschiedenheiten der „innersten Molekularstrukturen" hervorgerufen wird, betrachten kann, sondern auch vom Standpunkte der Suspensionshypothese (M. L. Frankenheim) ... (S. 418—419).

Im Jahre 1903 hat ein äußerst wichtiges Ereignis in der Geschichte der Dispersoidologie stattgefunden: H. Siedentopf und R. Zsigmondy haben das Ultramikroskop erfunden, wodurch sie den Grundstein zu weiteren ultramikroskopischen Untersuchungen kolloid-amorpher Bildungen gelegt haben ... (S. 422).

I. Borschtzow (1869) ist einer der ersten Gelehrten gewesen, die die „innerste Molekularstruktur" der Kolloide, über welche Thomas Graham geschrieben hat, aufzuklären suchten; dabei hat er die Mizellarhypothese von *C. von Nägeli* modifiziert und zwar in dem Sinne, daß er dieselbe einfach aus einer „Mizellarhypothese" in eine „Kristillinitätshypothese" umgewandelt hat . . .

Zu den Erforschern, welche die Ansichten *M. L. Frankenheims* in mehr oder weniger vollem Maße geteilt haben, zählen auch die folgenden Namen: *Otto Lehmann* (1877), *H. Ambronn* (1888), *W. Voigt* (1889), *P. Groth* (1889), *Lord Kelvin* (1889), *W. Nernst* (1893), *W. I. Wernadsky* (1894), *R. Abbegg* (1899) und *W. W. Nikitin* (1900) . . . (S. 428).

Im Jahre 1905 hat auch *R. Zsigmondy* in seinem Buch „Zur Erkenntnis der Kolloide" einen Versuch gemacht, die Kristallinitätshypothese auf die Aufklärung des Bildungsprozesses irreversibler kolloider Lösungen anzuwenden . . . (S. 431).

Der Vortrag über die Resultate meiner eigenen Arbeiten wurde von mir unter dem Titel „Der kolloide Zustand als eine allgemeine Eigenschaft der Materie" in der Sitzung der Russischen Chemischen Gesellschaft am 2. Februar 1906 gehalten; dieser Vortrag endete mit den folgenden Hauptschlüssen:

I. „Durch Vergrößerung des Widerstandes gegen die Kräfte, welche die Teilchen in eine dem Kristall eigene Anordnung zu bringen streben, werden wir einen beliebigen Stoff in kolloidem Zustande erhalten; umgekehrt bei der Schwächung dieses Widerstandes wird sich ein beliebiger Stoff in kristallinischem Zustande ausscheiden."

II. „Die kolloide, die amorphe und die kristallinische Zustandsform sind für die Materie ebenso allgemein wie die Eigenschaft der Materie in den drei Aggregatzuständen zu existieren allgemein ist; wie die Erhaltung dieser letzteren bei allen Stoffen eines Aufwands von Mühe und Zeit und auch von immer mächtigeren Einwirkungsmitteln auf die Stoffe bedurfte und bedarf, so wird auch die Herstellung sämtlicher fester Stoffe in der kolloiden, amorphen und der kristallinischen Zustandsform von denselben Faktoren bedingt."

Aus diesen Hauptschlüssen folgt, daß ich 1906 den Satz (nicht bloß die Vermutung oder den Gedanken) aufgestellt hatte, daß man die *Lehre von den Kolloiden* nicht als eine Lehre von einer „besonderen Welt" von Stoffen, sondern als eine Lehre von einem nicht weniger allgemeinen Zustand der Materie als die gewöhnlichen Aggregatzustände — gasförmig, flüssig, fest — aufzufassen hat (S. 457—458).

Von meinen Zeitgenossen ist nur ein einziger Forscher — von meinen Arbeiten in den Jahren 1906—1907 völlig unabhängig — im Jahre 1907 zu einer ebenso allgemeinen Auffassung des kolloiden Zustands gekommen und hat eine volle Systematik der dispersen Systeme und der Kolloide, welche man tatsächlich als „natürliche" Systematik bezeichnen kann, aufgestellt.

Dieser Forscher war *Wolfgang Ostwald*, . . . der 1907 einen Artikel „Zur Systematik der Kolloide" publiziert hat, in dem er mit vollkommener Deutlichkeit vermittels einer höchst allgemeinen Deduktionsmethode zu der Ansicht gelangte, daß der Zustand, welchen man kolloid nennt, kein selbständiger „vierter" Aggregatzustand der Materie, sondern ein ultramikro- und überultramikroskopischer Zustand der festen und flüssigen Aggregatzustände in flüssigem Medium ist; ferner hat *Wolfgang Ostwald* darauf hingewiesen, daß sich auch gasförmige, flüssige und feste Stoffe in festen, flüssigen und gasförmigen Medien theoretisch in einem gleichen „dispersen" Zustande befinden können (S. 488, 489, 490, 491).

Wolfgang Ostwalds Systematik kann als Endakt des Streites zwischen den Anhängern der Suspensions- und Lösungshypothesen angesehen werden, denn, wie früher gesagt, war bei diesem Streit die Streitfrage selbst falsch gestellt: die kolloiden Lösungen sind nämlich Zwischensysteme zwischen groben Dispersionen und wahren Lösungen (S. 494).

Über die Gestalt der Kolloide

Raphael Eduard Liesegang*)

Die Abgrenzung des Gebiets der Kolloide macht trotz des einfachen Systems von *Wo. Ostwald* noch immer einige Schwierigkeiten, weil es übergreifende Grenzfälle gibt, auf welche auch schon *Thomas Graham* in seiner Einteilung hinwies. Es ist doch wohl mehr als eine reine Namengebung, wenn hiermit nochmals darauf hingewiesen wird, daß Hämoglobin oder noch größere Eiweißkörper, wenn sie in einer Flüssigkeit in ihre Moleküle gespalten sind, sowohl zu den molekulardispersen wie zu den kolloiddispersen Stoffen rechnen. Denn damit hängt stark die Einstellung zusammen, die man zu den Beziehungen zwischen klassischer Chemie und Kolloidchemie einnimmt; also zu den Auseinandersetzungen, welche — mit einiger Übertreibung — mit dem Namen *Wo. Ostwald* und andererseits *Jacques Loeb* und *Wo. Pauli* gekennzeichnet seien. *Ostwald*[1]) möchte die Schwierigkeiten mit den Worten beseitigen: „— Nicht aber ist notwendigerweise eine Lösung von chemischen Molekülen molekulardispers." Er bezeichnet gewisse Eiweißkörper als „Eukolloide". Ihr Aufbau aus Atomen bedinge die große Stabilität. — Es ist dies übrigens eine Konsequenz jenes Systems; denn es ließ die Molekulardispersität erst von einer bestimmten Größe an auftreten, unabhängig von den Ausdrücken der klassischen Chemie.

Zu auffällig, um zu Verwechslungen Anlaß geben zu können, ist der Unterschied in der Sprache der klassischen Chemie und der Kristallphysik, welch letztere — und zwar ebenfalls berechtigt — das grobe Kochsalzpulver in einer Schale als molekulardispers bezeichnet: Kristalle sind aus Atomen, nicht aus Molekülen aufgebaut. An diese bekannte Tatsache sei nur deshalb erinnert, um auf die größere Schwierigkeiten hinzuweisen, welche eigentlich von der klassischen Chemie her kommen. H_2O ist meist H_4O_2 usw. (Von der Elektronenphysik scheinen diese Assoziationen allerdings noch nicht behandelt zu sein.) Wäre da nicht die Möglichkeit, daß selbst Verbindungen, die nach der üblichen chemischen Formel kleinmolekular sind, unter Umständen in das Gebiet des Kolloiden gelangen? Auch dieses ist nicht nur eine Namenssache. Denn sollte Glutin in einer warmen Leimlösung „echt gelöst" sein, so könnte man sich vorstellen, daß Assoziationen im genannten Sinn bei der Gallertbildung durch Abkühlen beteiligt sind. Aber das ist zunächst nur eine Spekulation, welche ihre Anerkennung oder Verwerfung von der zukünftigen Entwicklung der Elektronenmorphologie zu erwarten hat, die vorläufig nicht einmal die Berechtigung der Schreibweise $(H_2O)n$ erörtert.

---

*) Aus: *Raphael Eduard Liesegang* (1869—1948), Kolloidchemie, 2. Auflage (Dresden und Leipzig 1926).

[1]) *Wo. Ostwald*, Kolloid-Z. **23**, 3 (1923).

Diesem sei eine Bemerkung von *Harries*[2]) entgegengehalten: Man spricht im Gebiet des Kautschuks und Schellacks oft von Polymerisation und Depolymerisation, während die Ausdrücke Aggregation und Desaggregation richtiger wären. Aggregation entsteht durch gegenseitige Adsorption zweier oder mehrer disperser Phasen. Durch Peptisation lassen sich die Aggregate zu einfachen dispersen Phasen desaggregieren. Polymerisate werden dagegen durch Peptisation nicht depolymerisiert. — In *Mecklenburg's* Sprache könnte dieses heißen: Polymerisate bilden Primärteilchen, die peptisierbaren Teilchen sind dagegen Sekundärteilchen. — Das gleiche Problem ist dort zu lösen, wo je nach Konzentration und Temperatur der gleiche Stoff fast molekulardisperse oder mehr kolloide Eigenschaften besitzt, z. B. die *Sandquist*'sche Sulfosäure und die hauptsächlich von *Mc Bain* behandelten Seifenlösungen[3]).

Homogen und heterogen. Auch unabhängig von dem vorher Gesagten ist der Streit um diese Begriffe noch nicht ganz zur Ruhe gekommen. „Disperse Systeme sind immer heterogen", sagt *Kohlschütter*[4]). *Ostwald*[5]) findet aber den Begriff heterogen allzu weit gedehnt. Der Begriff der physikalisch-chemischen Heterogenität im Sinne der Phasenlehre werde erst bei relativ gröber dispersen Systemen zweckmäßig. — Es ist sehr zu beachten, daß hier die Zweckmäßigkeit zu Worte kam, nicht aber eine zwingende Notwendigkeit. Vielleicht herrscht in diesem Fall der Streit um Worte vor.

Dispersitätsvariable und -invariable Eigenschaften. Die von *A. Einstein* und *M. v. Smoluchowski* entwickelte molekularkinetische Theorie übermolekularer Teilchen geht aus von der Voraussetzung, daß der osmotische Druck eines dispersen Systems nur von der Teilchenzahl in der Volumeneinheit abhängt, nicht aber von der Teilchengröße. Erst durch die Erfolge der Theorie hat jene Voraussetzung, die auch von *J. Perrin* gemacht wurde, eine Stütze erhalten. Das ist nach *Wo. Ostwald*[6]) überraschend, da man sonst meist eine starke Abhängigkeit der Eigenschaften vom Dispersitätsgrad findet. Die thermodynamische oder kapillarphysikalische Theorie disperser Systeme zeigt jedoch, daß es tatsächlich Eigenschaften in letzteren geben kann, die gleichsam im Endresultat eine Unabhängigkeit vom Dispersitätsgrad zeigen, während sie im einzelnen sogar in doppeltem Sinn Funktionen desselben sind. Osmotischer Druck, mittlere kinetische Energie, elektrophoretische Beweglichkeit erscheinen unabhängig von der Größe der Teilchen, weil sie kapillarphysikalisch betrachtet sowohl proportional der absoluten Teilchenoberfläche als auch proportional dem Quadrat der spezifischen Teilchenoberfläche variieren. Es besteht keine Unabhängigkeit, wohl aber eine Abhängigkeit höheren Grades vom Dispersitätsgrad. Ähnlich wie für die Volumdruckverhältnisse der Gase gelten für diese Eigenschaften gleichsam selbst-regulatorische Funktionen.

Röntgenanalyse. *P. Scherrer*[7]) wies mit Hilfe der Röntgenstrahl-Interferenzen

[2]) *C. Harries*, Kolloid-Z. **33**, 181 (1923).
[3]) Vgl. zu dieser Frage auch *Wo. Ostwald*, Kolloid-Z. **32**, 8 (1923).
[4]) *V. Kohlschütter*, Erscheinungsformen der Materie (1917).
[5]) *Wo. Ostwald*, Kolloid-Z. **22**, 77 (1918).
[6]) *Wo. Ostwald*, Kolloid-Z. **33**, 300 (1923).
[7]) *P. Scherrer*, Göttinger Nachr. **1918**, 1.

an kolloiden Gold- und Silberteilchen das gleiche Raumgitter wie an makroskopischen Kristallen dieser Metalle nach. Gealterte Kieselsäure- und Zinnsäuregele zeigten neben den Anzeichen amorpher Körper intensive kristallinische Interferenzen. Diese Körper sind im Begriff zu kristallisieren. *Kyropoulos*[8]) fand an gealtertem Kieselsäuregel mit offenbar sehr kleinem Korndurchmesser die für Tridymit charakteristische Anordnung der Moleküle. Typische organische Kolloide: Eiweiß, Gelatine, Kasein, Zellulose, Stärke usw. zeigten alle amorphe Struktur. Entweder sind diese Kolloidteilchen Einzelmoleküle oder sie bestehen aus regellos nebeneinander gelagerten Molekülen.

Zellulose, Hydrozellulose und Viskose zeigen nach *R. O. Herzog*[9]) bei der Röntgenanalyse Kristallstruktur. Nitro-, Azetyl- und Aethylzellulose erweisen sich dabei als amorph. Jedoch gelingt es, durch Spannen Richtungseffekte zu erzielen, wobei Zunahme von Festigkeit und Rückgang der Quellungsfähigkeit parallel gehen. — Ähnliche Untersuchungen von *J. R. Katz* seien mit der Quellung besprochen.

Kugelförmige Teilchen in Solen. Allein zur Vereinfachung der Berechnung der Beziehungen zwischen der Farbe und der Größe der Teilchen in Metallsolen hatten *M. Garrett* (1904) und *Mie* (1908) Kugelform derselben angenommen. Wahrscheinlich sind aber selbst die Teilchen in roten Goldsolen, bei welchen die Berechnungen stimmten, Oktaeder. *R. Ganz*[10]) hat dann die Berechnungen auch für nichtkugelige Teilchen durchgeführt. Dagegen ist dann, wenn in den dispersen Teilchen eine Schmelze vorliegt, z. B. bei den durch Oxydation von H_2S erhaltenen S-Solen sphärische Form vorhanden; nicht aber bei den durch Zerreiben mit Harnstoff erhaltenen[11]).

Von besonderer Bedeutung war das Problem der Kugelgestalt für *F. Ehrenhaft*[12]) in seinem Streit gegen die Lehre von der Unteilbarkeit des Elektrons. Für seine Argumente war es notwendig, daß die in einem Gas schwebenden Teilchen von etwa 10^{-6} cm Radius nicht *nur* porenfrei und unverdampfbar, sondern auch von Kugelgestalt seien. Und er nahm dies an. So z. B. von Silber, Quecksilber, Gold, welches durch den elektrischen Lichtbogen in reinem trocknen Stickstoff oder Argon zerstäubt wurde. Oder von Schwefel- und Selenteilchen, welche durch Verdampfung in der Eprouvette im reinsten Argon gewonnen wurden. Zu deren Größenbestimmung dienten Beobachtungen über die Fallgeschwindigkeit und die Farbe der Einzelteilchen bei Dunkelfeldbeleuchtung[13]). *F. Ehrenhaft* hatte schon früher fünf Beweise für die vollkommene Kugelgestalt dieser Teilchen zu erbringen versucht. Eine mikroskopische Untersuchung der Teilchen kommt nun dazu. Daß die Dichte die gleiche wie diejenige des kompakten Metalls sei, wird geschlossen aus dem mikroskopischen Metallglanz und der Übereinstimmung der Größenbestimmung aus der Fallgeschwindigkeit und aus der Farbe. — Auf die

---

8) *Kyropoulos*, Z. anorg. Chem. **99**, 197 (1917).
9) Zellulosechemie 2, 101 (1921).
10) *R. Ganz*, Ann. Physik [4] 47, 270 (1915); 61, 465 (1920).
11) *Bergholm* u. *Björnstahl*, Physik. Z. 21, 137 (1920).
12) *F. Ehrenhaft*, Physik. Z. 18, 352 (1917).
13) *G. Laski*, Ann. Physik [4] **53**, 1 (1917); Physik. Z. 19, 369 (1918).

Einwände, welche sich aus Beobachtungen aus der *Brown*'schen Bewegung ergeben, antwortete er: „Mit der (von mehreren Beobachtern bestätigten) Tatsache, daß sich an einzelnen Probekörpern in Gasen die N · e (*Loschmidt*'sche Zahl in die Ladung des Probekörpers) kleiner und abweichend vom elektrochemischen Äquivalent ergeben, fällt auch die Brücke, welche die Theorie zwischen den Ionen in Flüssigkeiten und in Gasen zu schlagen versucht hatte." — Die behauptete Verkleinerung selbst der Quecksilberkügelchen tritt nach *F. Ehrenhaft* nicht ein. Denn auch nach stundenlangen Versuchen an demselben Kügelchen bleibt dessen Fallgeschwindigkeit die gleiche. Vom Gold und Silber könnte man eine solche Verdampfung erst recht nicht annehmen. — Aber *W. König*[14]) rechnet trotzdem noch mit einem schwammigen Bau der Teilchen, veranlaßt durch Oxydationsprodukte, *L. Schiller*[15]) mit einer nicht kugeligen Gestalt. *R. Bär* und *F. Luchsinger*[16]) sagen: Die *Ehrenhaft-Millikan*'sche Methode der Größen- und Ladungsbestimmung mikroskopischer und submikroskopischer Teilchen liefert so lange für die Ladung des Elektrons den richtigen Weg, wie das Widerstandsgesetz von *Stokes-Cunningham* für sie gilt, und die Teilchen Kugelform haben und ihre Dichte diejenige des kompakten Materials ist. Bei in Stickstoff durch Verdampfung erzeugten Selenteilchen ist dies bis herab zu einem Teilchenradius von etwa $3,5 \cdot 10^{-6}$ cm meist der Fall. Die bei kleineren Teilchen gefundenen Unterschreitungen der Elektronenladung sind zurückzuführen auf ein Versagen des *Stokes*-Gesetzes. Außerdem fanden sich beträchtliche Dichteunterschiede in den einzelnen Selenteilchen.

Stäbchenform von Sol-Teilchen. Das Interesse für die nichtkugeligen Sol-Teilchen wurde im stärksten Maße erweckt, als *H. Disselhorst* und *H. Freundlich*[17]) nachwiesen, daß das nach dem Verfahren von *W. Biltz* und *A. Ditta* hergestellte Vanadinpentoxyd-Sol unter gewissen Bedingungen Doppelbrechung aufweist, welche nur durch eine Stäbchenform der Teilchen gedeutet werden konnte. Bedingung für das Auftreten dieser Doppelbrechung ist zunächst, daß das Sol gealtert ist[18]). Erst dann verlängern sich die Stäbchen hinreichend. Ganz frisch bereitetes Sol ist nicht doppelbrechend[19]). — Außerdem müssen diese Stäbchen gerichtet werden. Das tritt z. B. beim Fließen des Sols ein. Stäbchenförmige Teilchen eines $Fe(OH)_3$-Sols können auch magnetisch gerichtet werden. Das Sol zeigt dann die (seit 1902) unter dem Namen *Majorana*-Phänomen bekannte Doppelbrechung[20]). Auch hierzu ist eine gewisse Alterung des Sols notwendig. Dann tritt natürlich die Erscheinung auch beim Fließen auf. Die von *A. Schmauß* festgestellte Temperaturempfindlichkeit des $Fe(OH)_3$-Sols will *L. Tieri*[21]) in Zusammenhang mit einer Dispersitätsänderung bringen. Die positive Doppelbrechung kann dabei in eine negative übergehen.

---

[14]) *W. König*, Naturwiss. **5**, 373 (1917).

[15] *L. Schiller*, Z. Phys. **14**, 6 (1923).

[16]) *R. Bär* u. *F. Luchsinger*, Physik. Z. **22**, 225 (1921).

[17]) *H. Disselhorst* u. *H. Freundlich*, Elster- und *Geitel*-Festschr. **1915**, 453; Physik. Z. **16**, 419 (1915); **17**, 117 (1916).

[18]) *H. R. Kruyt*, Kolloid-Z. **19**, 161 (1916).

[19]) *W. Reinders*, Kolloid-Z. **21**, 161 (1917).

[20]) Umfangreiche Literatur in *R. Zsigmondy*, Kolloidchemie (2. Aufl.), 276.

[21]) *L. Tieri*, Atti R. Acc. Roma [5] **24**, [I], 330 (1915).

Das Anwachsen der V_2O_5-Teilchen beim Altern ist nach *H. Disselhorst, H. Freundlich* u. a.[22]) keine einfache Kristallisation, sondern ein Aneinanderlegen der stäbchenförmigen Teilchen in Parallelstellung, über welches *H. Freundlich*[23]) sagt: Im Kristall haben die Atome ganz bestimmte Punkte des Raumgitters besetzt. Beim amorphen Stoff sind die Moleküle ungeregelt gelagert. Nun wäre ein Mittelding zwischen Kristallen und Amorphem möglich, wobei die Atome der zusammengetretenen Moleküle noch nicht ins Raumgitter eingesprungen sind, sich aber doch schon bestimmte Richtungen andeuten. So könnten langgestreckte Schwärme beim Vanadinpentoxyd zustande kommen.

Nach *A. Szegvari* und *E. Wigner* verhalten sich Teilchen der V_2O_5- und anderer Stäbchensole wie Tripole. Das von *L. Errera*[24]) beobachtete anormale induktive Verhalten ist durch die elektrische Doppelschicht erklärbar. — *H. Zocher*[25]) wies die Stäbchendoppelbrechung auch bei Seifenlösungen, Tonsuspensionen, bei Solen von Benzopurpurin, Alizarin und einigen anderen Farbstoffen nach. Beim Erhitzen verschwindet die negative Doppelbrechung der Benzopurpurinsole. Bei Elektrolytzusatz erscheint sie in der Kälte wieder. Koaguliert man das Sol durch starken Elektrolytzusatz und peptisiert das Koagel dann wieder, so tritt Doppelbrechung ein, wenn das Koagel durch langsamen Elektrolytzusatz erzeugt war; sonst nicht.

Nach *E. Krueger*[26]) zeigen keine homogenen Lösungen, mögen sie auch noch so viskos sein, beim Strömen Doppelbrechung. Es sind dazu, wie es schon *H. Freundlich* voraussetzte, kolloide Lösungen notwendig[27]). Nicht alle Flüssigkeiten, die sich als optisch inhomogen erwiesen, zeigen Doppelbrechung. Aber keine wird doppelbrechend, die das *Tyndall*phänomen nicht zeigt. Doppelbrechung trat bei 0,4 % Gelatine in Wasser, 1,3 % Kirschgummi in Wasser, 50 % Kanadabalsam in Xymol, Olivenöl oder Rizinusöl auf. Bei Gelatinelösung verschwindet die Doppelbrechung beim Erwärmen auf 37° und tritt dann erst bei niedrigerer Temperatur wieder auf. — *H. Lachs*[28]) vermutet, daß auch einige der Kohleteilchen in dem nach *Sabbatani* bereiteten Kohlesol Stäbchenform besitzen. Im Anschluß hieran sei, dem optischen Teil vorgreifend, ein neuer magnetooptischer Effekt von *E. Thomson*[29]) erwähnt: In der von den Dämpfen eines Eisenlichtbogens gesättigten Luft treten unter dem Einfluß eines Magneten ähnliche optische Effekte auf wie beim *Freundlich*'schen V_2O_5-Phänomen. Die Teilchen sind perlschnurähnlich angeordnet. Nach *R. Whytlaw-Gray* und *J. B. Speakman*[30]) verhalten sich die Oxyd-

[22]) *A. Szegvari* u. *E. Wigner*, Kolloid-Z. **33**, 218 (1923).
[23]) *H. Freundlich*, Z. Elektrochem. **22**, 27 (1916).
[24]) *J. Errera*, Kolloid-Z. **31**, 59 (1923).
[25]) *H. Zocher*, Z. physik. Chem. **98**, 293 (1921).
[26]) *E. Krueger*, Z. physik. Chem. **109**, 438 (1924).
[27]) Allerdings weist *D. Vorländer*, Z. angew. Chem. **37**, 801 (1924) nach, daß auch amorphe Oele, welche zwischen zwei Zylindern in Bewegung gesetzt werden, temporäre Doppelbrechung zeigen. Aber diese haben nichts mit dem V_2O_5-Phänomen zu tun.
[28]) *H. Lachs*, J. Physique [VI] **3**, 125 (1922).
[29]) *E. Thomson*, Nature **107**, 520, 619 (1921).
[30]) *R. Whytlaw-Gray* u. *J. B. Speakman*, Nature **107**, 619 (1921).

dämpfe des Zn, Mg, Al, Cd, Sb analog. *J. W. Mc Bain*[31]) verweist auf die Analogie mit der Gelatinierung von Seifenlösungen.

Die sog. flüssigen Kristalle verdienen hier wenigstens eine kurze Erwähnung, weil sich doch jedenfalls größere Moleküle oder auch Molekülkomplexe irgendwie zueinander ordnen. *W. Voigt*[32]) und *D. Vorländer*[33]) bestreiten allerdings die Beziehungen zum *Freundlich*'schen Vanadinpentoxyd-Sol. Die Deutung als Isodispersoide, welche *E. Baur*[34]) wieder versucht hatte, wird von *D. Vorländer*[35]) abgelehnt. Nach diesem müssen die Moleküle möglichst langgestreckt und gradlinig sein. Da die anorganischen Verbindungen, selbst komplizierte Komplexsalze, meist der Kugelform zustreben, findet man hier kaum flüssige Kristalle. Bei p-Substitution scheint der Benzolring gestreckt zu werden. Ausdehnung des Moleküls in die Breite vermindert die flüssige Kristallinität. p-Verbindungen werden beim Erkalten der Schmelze kristallin-flüssig oder kristallin-fest. Überkühlte m-Verbindungen gehen in spröde amorphe Lacke über. o-Verbindungen stehen in der Mitte. Neigung zu überkühlten Schmelzen wird durch das bedingt, was der Bildung flüssiger Kristalle entgegenwirkt, z. B. durch Kettenverzweigung. Dies führt zu molekularer Unordnung. — Beziehungen zu *Harkins* und *Langmuir* scheinen noch nicht gesucht worden zu sein.

Eine Röntgenstrahlanalyse von p-Azoxyanisol liegt von *J. St. van der Lingen*[36]) vor. Die erstarrte Schmelze erwies sich aufgebaut aus Kristallen von etwa 1 mm Durchmesser. Auch im plastischen Zustand ließ sich noch ein Raumgitter nachweisen. Das Infrarotspektrum des festen, des anisotrop flüssigen und des amorph flüssigen p-Azoxyanisols und der p-Azoxycinamminsäure erwies sich als das gleiche. Atomumlagerungen haben also beim Schmelzen nicht stattgefunden.

Eine neue Art anisotrop flüssiger Medien bespricht *H. Zocher*[37]): Benzopurpurin 4 B, welches in der Hitze eine weitgehend molekulare wässerige Lösung bildet, gibt beim Abkühlen zwischen zwei Gläsern eine Gallerte mit mikroskopischen blatt- und spindelähnlichen Gebilden. Polarisations- und Ultramikroskop zeigen, daß es sich dabei nicht um Kristalle oder um eine flüssigkristalline (mesomorphe) Phase handelt, sondern um inhomogene, kolloide Gebilde. Auch die weiterhin beschriebenen spontanen Parallelordnungen der anisotropen V_2O_5-Teilchen spielen sich in sehr hochkonzentrierten Solen ab. Nach ihrer Zerstörung durch Rühren stellt sie sich nach einiger Zeit wieder ein, vorausgesetzt, daß nicht inzwischen eine eigentliche Koagulation eintrat. Aus altem Eisenhydroxydsol bilden sich oft Schlichtungssysteme von dünnsten Plättchen von der gleichmäßigen Periode einer Lichtwellenlänge, so daß lebhafte Farbenwirkungen entstehen. Im Magnetfeld werden die Schichtsysteme in der Schichtrichtung anisotrop und reflektieren polarisiertes Licht. Durch das elektrische Feld wird der Abstand der Schichten verändert.

---

[31]) *J. W. Mc Bain*, Nature **107**, 683 (1920).

[32]) *W. Voigt*, Physik. Z. **17**, 76, 128, 152 (1916).

[35]) *D. Vorländer*, Z. physik. Chem. **105**, 211 (1923).

[34]) *E. Baur*, Jb. Chem. **25**, 362 (1916).

[35]) *D. Vorländer*, Z. physik. Chem. **105**, 211 (1923).

[36]) *J. St. van der Lingen*, J. Franklin-Inst. **192**, 511 (1921).

[37]) *H. Zocher*, Z. anorg. u. allgem. Chem. **147**, 91 (1925).

Zocher glaubte hier Aufschluß erhalten zu können über die Reichweite der Kräfte, welche von Phasengrenzen ausgehen. Mit Kräften, welche nur molekulare Reichweite haben, kommt man hier nicht aus. Er schließt sich einer Deutung von *Haber* an: Jedes Kolloidteilchen ist umgeben von einer Hülle von Ionen, deren Dichte mit zunehmendem Abstand abnimmt. Dieser Aufbau ist analog demjenigen der Atome oder Moleküle aus positiven Kernen und Elektronen. Ebenso wie dort die gegenseitige Polarisation die anziehenden *van der Waals*'schen Kräfte entstehen läßt, werden auch hier anziehende Kräfte auftreten. Sie entstehen durch die Deformation der Ionenhüllen (Polarisation). Der osmotische Druck der Ionen wirkt dieser entgegen. Erhöhung der Außenkonzentration an Ionen drängt die Ionenhülle näher an die Grenzfläche heran. Das Gleichgewicht der abstoßenden und anziehenden Kräfte verschiebt sich dadurch so, daß die Teilchen dichter zusammentreten. So gelangt man auch zu einer Theorie der Koagulation, ohne von „weitreichenden Molekularkräften" Gebrauch machen zu müssen. Hiernach steht natürlich nichts mehr im Wege, die von *R. Zsigmondy* vermuteten Flüssigkeitshäutchen zwischen den Teilchen im Koagulat anzunehmen.

Zsigmondy's Mizellen. Nägeli bezeichnete mit „Mizell" ein kristallines Einzelteilchen. Im Anschluß an *Cotton, Mouton* und *Duclaux* bezeichnet *Zsigmondy* mit „Mizelle" Teilchen von sehr verschiedener Beschaffenheit einschließlich der die elektrischen und zum Teil die chemischen Eigenschaften des Systems beherrschenden Doppelschicht. Es kann sich sowohl handeln um kristalline Primärteilchen (Au, V_2O_5), wie um teilweise mit Flüssigkeit erfüllte Sekundärteilchen (*Nägeli's* Mizellverbände, wie Zinnsäure, *Cassius*'scher Purpur) oder auch um Anhäufungen von Molekülen und Ionen von vorübergehender Beständigkeit, auch kombiniert mit Kondensationskernen (Seifenlösungen). Sowohl die Primär- wie die daraus entstehenden Sekundärteilchen, sowie der Grad ihrer elektrischen Ladungen können zuweilen eine relativ große Beständigkeit aufweisen. Die Teilchen verhalten sich dann so, als ob sie echte, einigermaßen stabile, polyvalente Ionen einer Substanz von hohem Molekulargewicht wären. Je nach den Entstehungsbedingungen läßt sich die Größe der Primär- und Sekundärteilchen zielbewußt variieren. Vermehrung des Peptisationsmittels kann eine solche Verkleinerung der Sekundärteilchen und des Verhältnisses Masse zu Ladung herbeiführen, daß zuweilen die sehr kleinen elektrisch geladenen Kolloidteilchen von echten Ionen kaum noch zu unterscheiden sind [38].

Tellur- und Antimonsäuren. Bekanntlich hatte *W. Mecklenburg* gezeigt, daß die früher als a- und b-Zinnsäuren genannten Substanzen nur Glieder einer unendlichen Reihe von Zinnsäuren vorstellten, die alle kolloide Modifikationen des hydratischen Oxydes sind. Nur die Anordnung ihrer Primär- und Sekundärteilchen ist verschieden. Zu ähnlichen Ergebnissen kamen *A. Rosenheim* und *G. Jander* [39] bez. der Tellursäure und ihrer Alkalisalze. Die Vermutung, daß sich

---

[38]) *R. Zsigmondy*, Z. physik. Chem. **98**, 14 (1921); **101**, 292 (1922).
[39]) *A. Rosenheim* u. *G. Jander*, Kolloid-Z. **22**, 23 (1918).

die große Reihe der in der Literatur beschriebenen Hydrate des Sb_2O_5 in ähnlicher Weise erklären lasse, bestätigte dann *G. Jander*[40]): Die Antimonsäuren und die Alkaliantimonate verhalten sich in vielen Beziehungen wie Kolloide. Ihre Entwässerungskurven verlaufen ganz stetig. Besonders charakteristische, als chemische Verbindungen aufzufassende Antimonsäurehydrate dürften also kaum existieren. Der Wassergehalt der Antimonpentoxydhydrate ist vielmehr als Adsorptionswasser aufzufassen. Verdünnten Alkalien gegenüber besteht ein stark ausgeprägtes selektives Adsorptionsvermögen. Es bilden sich dabei amorph erscheinende Alkali-Antimonsäureverbindungen, deren Zusammsetzung sich stetig ändert, in Abhängigkeit von der Konzentration der über dem Bodenkörper stehenden Laugen. Für den Kurvenverlauf ist eine Gleichung und Formulierung aufgestellt, die der bei den Alkalitelluraten benutzten genau entspricht. Zu diesen Adsorptionsverbindungen stehen offenbar alle in der älteren Literatur als amorph oder gelatinös bezeichneten Alkaliantimonate in naher Beziehung. Sehr bemerkenswert ist *Jander's* Feststellung, daß eine Anzahl dieser kolloiden Gemische oder Adsorptionsverbindungen kristalline Form annehmen können.

Polydispersoide. Streng genommen, sind diese alle kolloide Lösungen. Denn die kolloiddispersen Teilchen schweben in einer konzentrierten Lösung des Dispersoids. Aber nur in einem Teil der Fälle kommt letztere in physikalisch-chemischer Hinsicht in Betracht. Selbst die oligodynamischen Wirkungen der Metalle können nicht als Stütze der Annahme einer stärkeren molekulardispersen Lösung genannt werden, da es sich hier entweder um das Inlösunggehen von Verunreinigungen oder um chemische Umsetzungen handelt. Von Solen mit höherem molekulardispersen Anteil sei hauptsächlich auf die von *L. Michaelis* bearbeiteten organischen Farbstoffe verwiesen. *Wo. Ostwald's* Hinweis, daß in wässerigen Tanninlösungen Moleküle neben den Molekülkomplexen vorhanden seien, wird von *E. Navassart*[41]) bestätigt.

Auf Grund von *The Svedberg's* Mahnung (1911), daß man sich bei Polydispersoiden nicht mit einer Angabe über die mittlere Teilchengröße begnügen solle, haben *The Svedberg* selbst, *A. Westgren*[42]) und *S. Odén* neben der Messung *Brown*'schen Bewegung hauptsächlich die Sedimentationsgeschwindigkeit benutzt, um die Größen der verschiedenen Einzelteilchen zu bestimmen.

Restformen. Bei manchen Kristallen gelingt es, einen der Bestandteile durch Lösung oder Verflüchtigung zu entfernen, wobei der übrigbleibende Bestandteil „raumbeständig" ist, d. h. die ursprüngliche Außenform des Kristalls ohne Verkleinerung behält. Eine solche Pseudomorphose muß porös sein, d. h. eine sehr große innere Oberfläche besitzen. Es scheint angebracht, hierfür den Namen Restformen anzuwenden, wenn man nicht vorzieht, den von *Rinne* für größere Mineralien geprägten Ausdruck „Baueritisierung" hierzu verallgemeinernd anzuwenden. Jene Art der Entglasung, welche durch Verwitterungsabbau herbeigeführt wird, gehört ebenfalls in dieses Gebiet; ferner die Holzkohlenstruktur und Ähnliches.

---

40) *G. Jander*, Kolloid-Z. **23**, 122 (1918).
41) *E. Navassart*, Kolloid-Beih. **5**, 299 (1914).
42) *A. Westgren*, Z. anorg. Chem. **94**, 193 (1915); *S. Odén*, Kolloid-Z. **26**, 100 (1919).

Ein besonders auffallendes Beispiel für die innere Dispersität solcher Restformen hat *Kohlschütter*[43]) gegeben: Behandelt man Kristalle des basischen, des normalen $CuSO_4$ und des Doppelsulfats mit einer alkalischen Lösung, so gehen alle drei unter Erhaltung der Kristallform in (nach *Kohlschütter*) das chemisch gleiche $Cu(OH)_2$ über. Bei diesen werden die Poren des ersten am kleinsten, diejenigen des letzten am größten sein. Gefälltes $Cu(OH)_2$ geht unter der alkalischen Lösung allmählich in CuO über. Bei den genannten Pseudomorphosen[44]) erfolgt diese Entwässerung im dritten Fall rasch, im zweiten langsamer und im ersten bleibt sie praktisch aus. So intensiv beeinflußt also der innere Dispersitätsgrad den Chemismus dieser Entwässerung.

Durch Glühen von Kalziumoxalat hergestelltes CaO hat eine höhere innere Dispersität als dasjenige aus $CaCO_3$. Auch dieses CaO behält die äußere Form des ursprünglichen Kristalls. Im Innern bleibt aber die Lagerung der Ca-Atome nicht die gleiche, sondern es findet Verdichtung der CaO-Moleküle um gewisse Zentren statt. Mit dieser Dispersität hängt die Möglichkeit der Entstehung von Kalkmilch zusammen. Aus kristallisiertem $Ca(OH)_2$ ist solche nicht zu gewinnen. — Weitere Dispersitätsänderungen treten ein, je nachdem man mit Wasserdampf oder mit flüssigem Wasser löscht. Wenn *Kohlschütter*[45]) die Ausdrücke Primär- und Sekundärteilchen beibehält, so geschieht dies nur zur Kennzeichnung gewisser Größen- und Stabilitätsordnungen innerhalb der Körner. Solche sind schon deshalb einzusetzen, weil das Wasser zuerst rasch kapillar, dann aber langsam auf dem Quellungsweg eindringt. Das nicht als Quellungswasser aufgenommene Wasser wird erst als Adsorptionsschicht die Teilchen umhüllen und deren Zusammenhang durch Oberflächenkräfte vermitteln. Fügt man mehr Wasser hinzu, so verlieren die Teilchen ihren Zusammenhang, und es entsteht eine Suspension von isolierten Mizellen, d. h. die Kalkmilch.

Ähnlich ist es mit dem $Al(OH)_3$. *Kohlschütter*[46]) schüttete kleine Kristalle von Ammoniakalaun, Aluminiumsulfat oder -azetat in bewegte Ammoniaklösung. Das entstehende gelförmige $(Al(OH)_3$ behält die ursprüngliche Kristallform des Ausgangsmaterials. Von diesen Pseudomorphosen war anzunehmen, „daß bei diesem chemischen Abbau kristallisierter Verbindungen, der unter Zusammenbruch des Raumgitters wiederum zu festen Stoffen führt, disperse Produkte von bestimmtem Kondensationszustand entstehen. Denn die neue Molekülart wird sich nun im Mittel zu regelmäßig angeordneten Zentren verdichten, sofern die Reaktion sich im Raum der ursprünglichen Kristalle gleichartig abspielt. Infolgedessen wird auch derselbe Stoff in verschiedenen Formen auftreten, wenn seine Bildung von verschiedenen Gitterverteilungen aus erfolgt." — Aus den verschiedenen Ausgangsstoffen erhielt *Kohlschütter* ebenfalls $(Al(OH)_3$-Gele von verschiedenen Eigen-

[43]) *V. Kohlschütter* u. *Tüscher*, Z. allgem. u. anorg. Chem. **111,** 193 (1920).
[44]) Nicht immer kommt es bei solchen Reaktionen einer Flüssigkeit mit einem Kristall zur Pseudomorphosenbildung. Über die bei der Malachitbildung entstehenden verschiedenartigen Formen vgl. *R. E. Liesegang*, Z. Kristallogr. **55,** 264 (1915). Man könnte hier teilweise von „Dysmorphosen" sprechen.
[45]) *V. Kohlschütter* u. *Walther*, Z. Elektrochem. **25,** 159 (1919); *V. Kohlschütter* u. *W. Feitknecht*, Helv. Chim. Acta. **6,** 337 (1923).
[46]) *V. Kohlschütter* u. *N. Neuenschwender*, Z. Elektrochem. **29,** 246 (1923).

schaften, aus denen sich auch typisch verschiedene Sole kolloidisieren ließen. Solche Solbildung erfolgt z. B. bei Einwirkung von genügend verdünnter Salzsäure. Kolloidierungsvorgänge schieben sich also als Zwischenstufe in dem (chemischen) Auflösungsprozeß ein. Während $Al(OH)_3$ aus Rauch auch durch NaOH zu Solen verteilt werden kann, gelingt dies hier nicht. Die mit HCl entstandenen Sole unterscheiden sich im unmittelbaren Aussehen und ultramikroskopisch typisch nach den Darstellungsbedingungen der trockenen Gele.

Auch MgO behält beim Brennen aus feinkristallinem $MgCO_3$, $MgCO_3 \cdot 3\ H_2O$, $Mg(NO_3) \cdot 6\ H_2O$ usw. deren Kristallform und fast die Größe. *Le Blanc*[47]) nimmt an, daß die mikroskopisch sichtbaren Sekundärteilchen aus vielen Primärteilchen bestehen. Letztere seien würfelförmig, entstanden durch Aggregation der Elementarwürfel. Auch die Eigenschaften des MgO sind also in hohem Grad abhängig vom Ursprungsmaterial. — Die gleiche Ursache liegt vor, wenn das durch Erhitzen von Oxalat gebildete Thoriumoxyd leicht kolloide Lösungen bildet, während dies nicht der Fall ist bei dem aus dem Hydrat, Sulfat oder Nitrat gewonnenen[48]). Beim Glühen von Zeroxalat in einer reduzierenden oder inerten Atmosphäre erhielt *W. S. Chase*[49]) ein Gemisch aus CeO_2, Ce_4O_7 und C von so hoher innerer Dispersität, daß es das 50fache Volumen H_2 zu absorbieren vermag. Hierauf beruht seine Fähigkeit, aufzuflammen, wenn es in einer H_2-Atmosphäre erzeugt war und an die Luft gebracht wird. [Sollte dabei nicht der *Berzelius*-Effekt unterstützend hinzukommen?]

Über die ebenfalls hierhergehörenden Eigenschaften der Zeolithe berichtet *W. Eitel* in der „Mineralogie" der „Wissenschaftlichen Forschungsberichte". *R. Ehrenberg*[50]) stellt Adsorptionskohle her durch Veraschen von verschiedenen tierischen Geweben und findet nun z. B. eine wesentliche Zunahme des Adsorptionsvermögens für Methylenblau, wenn der zu verkohlende Froschmuskel vorher (tetanisch) gereizt worden war. Setzt man das Adsorptionsvermögen des ungereizten $= 10$, so ist dasjenige des gereizten $= 15$. Bei der Niere vom Schwein, der Leber vom Rind kommt es sehr darauf an, ob sie frisch verarbeitet wurden, oder ob man sie vorher in Wasser oder Ringerlösung aufbewahrt hatte. Geronnenes Meerschweinchenblut zeigt kaum die Hälfte des Adsorptionsvermögens von ungeronnenem. — *Ehrenberg* trägt die Gewebe erst in einen großen Überschuß von Pottasche ein und verascht dann im Porzellantiegel. Er nimmt an, daß in der Pottasche der in Betracht kommende Zustand fixiert werde.

„*Graphitsäure.*" Zu einer ungewöhnlich hohen inneren Dispersität kommt es bei der Darstellung der sog. „Graphitsäure". Nach *V. Kohlschütter*[51]) bildet sie beim Erhitzen Kohlenstoff in der Form eines so äußerst lockeren Rußes, daß er glauben möchte, „die Raumgitter des ursprünglichen Graphits erschienen bis zu den Elementarkörpern pulverisiert". *L. Balbiano*[52]) hatte die Graphitsäure als eine Adsorptions-

[47]) *M. Le Blanc* u. *K. Richter*, Z. physik. Chem. **107**, 357 (1924).
[48]) *V. Kohlschütter* u. *A. Frey*, Z. Elektrochem. **22**, 145 (1916).
[49]) *W. S. Chase*, J. Amer. Chem. Soc. **39**, 1576 (1917).
[50]) *R. Ehrenberg*, Biochem. Z. **161**, 339 (1925).
[51]) *V. Kohlschütter*, Verh. Schweiz. Naturf.-Ges. **1922**, II, 110.
[52]) *L. Balbiano*, Kolloid-Z. **21**, 204 (1918).

verbindung von Graphit mit dessen Oxydationsprodukten (CO, CO_2, H_2O) aufgefaßt. Die Verschiedenheit ihrer Zusammensetzung sollte sich erklären aus der verschiedenen Abgabe der letzteren. Die Erhaltung der äußeren Form des Graphits bei der Bildung der Graphitsäure legte auch *V. Kohlschütter*[53]) zuerst ähnliche Gedankengänge nahe. Jedoch erkannte er dann, daß die Graphitsäure nur eine Pseudomorphose von hochdispersem Graphit nach dem ursprünglichen Graphit sei. Bei ihrer Bildung geschieht überhaupt so viel Kolloidchemisches neben dem rein Chemischen, daß ein Eingehen darauf angebracht scheint. Der chemische Angriff muß auf alle Teile gleichzeitig und aus dem Inneren heraus stattfinden. Das ermöglicht der Zusatz von HNO_3. Bei einem Fortschritt der Reaktion von außen nach innen würde dagegen der Graphit in CO, CO_2 und H_2O übergeführt werden. Für den eigentlichen Chemismus dieser Oxydation ist die HNO_3 ohne Bedeutung. Sie befördert nur das Eindringen z. B. des *Brodie*'schen Reagenses (wahrscheinlich Chlordioxyd). „Um sich den Unterschied, den sie in dieser Beziehung gegenüber anderen Substanzen aufweist, anschaulich zu machen, braucht man nur auf kleine Häufchen von Graphit Tropfen verschiedener Flüssigkeiten fallen zu lassen. Man beobachtet dann, wie HNO_3 rapid und vollständig, H_2SO_4 bereits wesentlich weniger leicht aufgesogen wird, während wässerige, namentlich alkalische Flüssigkeiten sich ausbreiten und den Graphit auf ihrer Oberfläche schwimmen machen. Die HNO_3 spielt daher bei der Erzeugung von Graphitsäure vermutlich die gleiche Rolle, wie bei der *Luzi*'schen Reaktion (1891) zur Unterscheidung von Graphiten und sogenannten Graphitiden, die darauf beruht, daß ein verdampfbarer Stoff zwischen die Schuppen und noch feineren Teilchen eines Graphitstückes aufgesogen wird, und dann beim Erhitzen infolge des aus dem Innern kommenden Gasdrucks die Masse in feinster Zerteilung auseinander drängt und so das eigentümliche Aufschwellen verursacht." Wahrscheinlich wird diese Benetzbarkeit durch HNO_3 vermittelt durch einen partiellen chemischen Angriff. Die sichtbaren, scheinbar kristallinen Individuen der Graphitsäure sind entweder mit „Bruchstückchen gelatinöser Häutchen vergleichbar, oder sie weisen eine Dispersität von der Art der ultramikroskopischen Porosität des Tabaschirs oder der Fasertonerde auf. Auf jeden Fall sind es disperse Gebilde". Deshalb nehmen sie auch leicht Wasserdampf aus der Luft auf und geben ihn wieder ab. Deshalb läßt sich auch ein Sol aus Graphitsäure gewinnen. Beim Eintrocknen nimmt dieses die Form von getrocknetem Leim an. Durch Behandlung mit Wasser ist daraus wieder ein Sol zu gewinnen. Beim trockenen Erhitzen auf 200° scheidet sich aus Graphitsäure rußartiger Kohlenstoff unter Abgabe von CO, CO_2 und H_2O ab. Dieser besitzt die Lockerheit und Adsorbierbarkeit des Rußes. Jedoch läßt er sich leicht zu einer dichten Masse von graphitischer Beschaffenheit pressen.

Siloxen. H. Kautsky[54]) erhielt diese ungesättigte Si-Verbindung bei der Behandlung von Kalziumsilizid $CaSi_2$ mit HCl. Diese gehört typisch zu den Restformen, da sie eine Pseudomorphose (ebenso wie die daraus bei weiterer Oxydation

---

[53]) *V. Kohlschütter* u. *P. Haenni*, Z. anorg. u. allgem. Chem. **105**, 121 (1919).
[54]) *H. Kautsky*, Z. anorg. u. allgem. Chem. **117**, 269 (1921); Chem.-Ztg. **47**, 781 (1923); *H. Kautsky* u. *H. Zocher*, Z. Physik **9**, 267 (1922); *H. Kautsky* u. *G. Herzberg*, Z. anorg. u. allgem. Chem. **147**, 81 (1925).

entstehende SiO_2) nach dem $CaSi_2$ bildet und eine ganz außerordentliche innere Dispersität durch eine außerordentlich große Zahl übereinander geschichteter, poröser Lamellen besitzt. Dieser entspricht das hohe Adsorptionsvermögen. Gegenüber dem hochdispersen Kohlenstoff besitzt aber das Siloxen und seine Vorstufen noch eine hohe chemische Reaktionsfähigkeit, welche eine Reihe bemerkenswerter photochemischer Reaktionen, Sensibilisierungen, Fluoreszenze und Chemiluminiszenz ermöglichen, ihm also deshalb eine Sonderstellung gegenüber den bisher beschriebenen Restformen verschafft.

Topochemie. Kohlschütter [55]) versteht darunter sowohl Vorgänge, bei denen durch örtlich gebundene Reaktion eine besondere Gestalt des Stoffes entsteht, wie auch solche, bei denen der Ablauf chemischer Vorgänge selbst durch eine örtliche Bindung eine Beeinflussung erfährt. Die drei vorhergehenden Abschnitte bilden also eine Untergruppe dieses Wissensgebiets. Dazu gehören auch die bekannten Vorgänge in der Adsorptionszone (Katalyse), sowie manches, was früher schon bei photographischen Prozessen als Anatomie des Bromsilberkorns, des Silbers usw. bezeichnet worden ist. Außerdem seien einige andere Gebiete angedeutet:

Während der Unterschied von Kalzit und Aragonit molekularer Natur ist und deshalb nicht hierher gehört, sind die sehr vielen gestaltlichen Unterschiede der Kalzite topochemisch bedingt. Lösungsgenossen, besonders aber die beim Wachstum adsorbierten Kolloide unterdrücken das normale Kristallisationsvermögen immer mehr, so daß schließlich, z. B. bei *Vogelsang's* Kristalliten Formen entstehen, welche man „eine Art anorganischer Organismen" nennen möchte. Dazu gehören auch die Aggregationsformen pathologischer Konkremente und gewisser Kalksinter. — Bei der Silberspiegelherstellung ist die Reaktion mittels oberflächenaktiver Stoffe an die Glaswand verlegt. Das Reduktionsmittel selbst oder kolloide Nebenprodukte bewirken hier als Adsorptionsschicht eine Verteilung der Keime und verhindern zugleich deren Weiterwachstum, während sie selbst allmählich durch die Reaktion aufgezehrt werden und das primär gebildete kolloide Silber sofort koaguliert wird [56]). — Die elektrolytische Metallabscheidung ist als lokalisierter Kristallisationsvorgang aufzufassen, in welchem ebenfalls alle genannten Beeinflussungen eingreifen.

Graphit und amorpher Kohlenstoff (z. B. Ruß) ist nach *Debye* und *Scherrer* [57]) chemisch das Gleiche. Zur Graphitbildung kommt es dort, wo C sich aus einem molekularen Zustand durch Vorgänge ausscheidet, die irgendwie örtlich gebunden sind [58]). Der durch Zerfall eines instabilen Karbids (Zementit) in geschmolzenem Eisen freiwerdende C scheidet sich entweder als Graphit (Garschaumgraphit) aus, wenn er die Karbidkristalle bedeckt, oder in hochdisperser, rußartiger Form, wenn seine Bildung nicht an eine solche Fläche gebunden war [Temperkohle] [59]). — Auch

[55]) V. *Kohlschütter*, Verh. Schweiz. Naturf.-Ges. **1922**, II, 110; Naturwiss. **1923**, 865.

[56]) V. *Kohlschütter* u. E. *Eydmann*, Liebig's Ann. **398**, 1 (1913).

[57]) P. *Debye* u. P. *Scherrer*, Physik. Z. **17**, 277 (1916); Göttinger Nachr. **1918**, 18.

[58]) V. *Kohlschütter* u. E. *Haenni*, Z. anorg. u. allgem. Chem. **105**, 121 (1918).

[59]) Im ersteren Fall wird sich eine Graphitmembran pseudomorph nach dem Karbid bilden. — Man wird dabei erinnert an die endogenen, perigenen und exogenen Reaktionen an Gallertoberflächen. Im zweiten Fall bildet sich eine zusammenhängende Membran, im

C. H. Desch[60]) bestätigt, daß der Graphit, welchen man im grauen Gußeisen in Form mikroskopisch erkennbarer Teilchen findet, und Temperkohle sich nur durch den Dispersitätsgrad unterscheiden. Aber er bezweifelt, daß letztere als kolloid bezeichnet werden dürfe.

Der Berzelius-Effekt. Berzelius hatte (1812) beobachtet, daß gefälltes Chromoxyd beim schnellen Erhitzen auf 540° plötzlich um 50 bis 100° heißer wird und zu glühen beginnt. *W. G. Mixter*[61]) schließt sich der von *Berzelius* gegebenen Erklärung an, wonach es sich um einen Übergang in eine andere Modifikation handelt. *H. B. Weiser*[62]) befürwortet dagegen die von *L. Wöhler* (1912) gegebene Deutung: Die dispersen Teile treten zusammen. Die Temperaturerhöhung kommt durch die hierbei auftretende Oberflächenverkleinerung zustande. — Chromhydroxyd bleibt nach *R. Fricke*[63]) beim Altern amorph und mag deshalb besser dazu disponiert sein als z. B. $Al(OH)_3$, das beim Altern kristallin wird, jene Verdichtung also schon vorher durchgemacht hat. — *L. Wöhler*[64]), der jetzt eine wichtige Zusammenfassung des ganzen Gebiets gibt, beschreibt, unter welchen Bedingungen die Oxyde des Chroms, Eisens, Zuckers und Titans gefällt werden müssen, um die Glimmerscheinung zu zeigen. Er kann darauf auch eine kalorimetrische Oberflächenbestimmung begründen.

Die Besprechung des *Berzelius*-Effekts gehört in diese Nachbarschaft, weil man wohl erwarten darf, daß er auch beim Erhitzen von Kristallrestformen auftreten kann. Tatsächlich geht solches aus einer Beobachtung von *O. Mügge*[65]) hervor, obgleich dieser eine Beziehung zu *Berzelius* nicht andeutet. Er erklärt das Isotropwerden von Kristallen, welche einen größeren Gehalt an seltenen Erden enthalten, durch radioaktive Beimengungen. Das regellose Bombardement der α-Strahlen führt zu einer teilweisen Zertrümmerung der Kristallstruktur, also zu einem inneren Disperswerden. Bei einzelnen dieser Kristalle ist durch Erhitzung eine Rückkehr in den anisotropen Zustand möglich. Gewöhnlich erglühen sie dabei.

Anscheinend kommt dieses auch bei einer anderen Art von innerer Dispersität von Kristallen vor: In der Keramik ist bekannt, daß Quarze mit Zwillingsbildung leichter schmelzbar sind. Es wird wohl jene Wärme mit ausgenutzt, welche beim vorübergehenden Einspringen ins Raumgitter frei wird. — Auch bei der Herstellung des Portland-Zements ist ein *Berzelius*-Effekt zu vermuten, wenn beim Erhitzen im Drehofen ein plötzliches Erglühen erfolgt.

Vorstufen in Flüssigkeiten. Vogelsang hatte die vielbesprochene Hypothese aufgestellt, daß von dem kristallisierenden Stoff sich schon vorher etwas in der Lösung ordnet. Etwas derartiges scheint man — auch unabhängig von den von *Harkins* und *Langmuir* vorgetragenen Anschauungen — bei beginnender Gallertbildung, selbst beim Absatz gewisser Suspensionen annehmen zu müssen. Bei einem Emulsoid, nämlich

---

dritten Fall ein disperser Körper in der überstehenden Flüssigkeit, welcher dem Ruß vergleichbar wäre. *R. E. Liesegang*, Z. wiss. Mikroskopie **31**, 433 (1915).

[60]) *C. H. Desch,* Report on Colloid-Chem., Brit. Assoc. **5**, 33 (1922).
[61]) *W. G. Mixter*, Amer. J. Science [4] **39**, 295 (1915).
[62]) *H. B. Weiser*, J. Phys. Chem. **26**, 401 (1922).
[63]) *R. Fricke* u. *F. Wever*, Z. anorg. u. allgem. Chem. **136**, 321 (1915).
[64]) *L. Wöhler*, Kolloid-Z. **38**, 97, 111 (1926).
[65]) *O. Mügge*, Nachr. Ges. Wiss. Göttingen **1922**, 110.

1,5prozentiger Stärkelösung hat *W. R. Heß*[66]) nachgewiesen: Wird solche in einer Schale in drehende Bewegung gesetzt und dann spontan zur Ruhe übergehen gelassen, so kehrt sich vorher die Rotationsrichtung der Flüssigkeit mehrmals um. Diese elastischen Kräfte deuten auf eine vorhandene Struktur der Flüssigkeit hin. — Auch *Freundlich* und *Kores*[67]) betonen gegenüber einem Einwand von *Wo. Ostwald*[68]) das Vorhandensein langer fadenartiger Gebilde in Gemischen von zwei Seifenlösungen, welche denselben eine eigenartige Zähigkeit (Plastizität) geben und welche damit die Viskositätsverhältnisse wesentlich beeinflussen müssen. Sie verweisen auf die Versuche von *Seifriz*, wonach in vielen solchen Flüssigkeiten ein Nickelteilchen in seine Anfangslage zurückspringt, wenn man es mit dem Magneten verschoben hatte. Bei Glyzerin ist solches dagegen nicht der Fall.

O. *Weißenberger*[69]) welcher die ältere Literatur darüber zusammenfaßte, erhielt derartige „Strukturen überlagernder Art" bei einer Suspension von stark hydratisiertem Aluminiumsilikat, die aus einem zersetzten Eruptivgestein gewonnen worden war. Sie beeinflussen die Viskosität, je nachdem die Flüssigkeit einige Zeit gestanden hatte oder vorher bewegt worden war. Bei Zugabe einer Spur KOH setzt sich der Körper in einem Reagenzglas in geschichteter Form ab, äußerlich ähnlich den Bänderungen des in Gelatinegallerte entstehenden Silberchromats, obgleich Diffusionsvorgänge hier nicht in Betracht kommen. Das Bestreben nach einer regelmäßigen Anordnung der in der Dispersion enthaltenen Teilchen scheint nur vorhanden zu sein, wenn eine räumliche Behinderung in ihrer freien Eigenbewegung erfolgt. Bei den meisten Suspensoiden ist dazu die Entfernung der einzelnen Teilchen, welche keine Wasserhülle mit sich tragen, zu groß. Das Optimum dürfte im Gebiet der Kolloide geringeren Dispersitätsgrades an der Grenze gegen jene Systeme zu suchen sein, die man als Trübungen bezeichnet.

[66]) *W. R. Heß*, Kolloid-Z. 27, 154 (1920).
[67]) *H. Freundlich* u. *H. J. Kores*, Kolloid-Z. 36, 241 (1925).
[68]) *Wo. Ostwald*, Kolloid-Z. 36, 99 (1925).
[69]) *G. Weißenberger*, Kolloid-Z. 29, 113 (1921).

Über Biokolloide

Heinrich Bechhold[*])

Außer Wasser, den anorganischen Salzen und einigen wenigen organischen Stoffen, wie z. B. Harnstoff und Zucker, kommen im pflanzlichen wie im tierischen Organismus nur Kolloide vor und diese letzteren überragen ganz außerordentlich die Menge der Kristalloide, wenn wir vom Wasser absehen. — Dies wird uns verständlich, wenn wir die Rolle der Kristalloide und Kolloide im Organismus betrachten. Wir können ein lebendes Gebilde mit einer Stadt vergleichen. Die Kolloide sind die Häuser, die Kristalloide die Menschen, welche sich in den Straßen bewegen, in den Häusern verschwinden, wieder auftauchen, Bauten einreißen und errichten. Die Kolloide sind das *Stabile* im Organismus, die Kristalloide das *Mobile*, die überall hingelangen, Heil oder Unheil anstiften können. Daher kommt es auch, daß wir organische Kristalloide nur in geringer Zahl und Menge innerhalb des Organismus finden, weil sie stets nur einem vorübergehenden Zweck dienen. Dem wichtigsten organischen Kristalloid, dem Zucker, begegnen wir bei den Pflanzen auf seinem Weg von der Entstehungsstätte zu den Verbrauchsstellen oder den Depots, den Knollen, Rüben, Früchten usw., wo er in die unlösliche Form der *Kohlehydrate,* in die Stärke und verwandte Produkte verwandelt oder ihm der Rückweg abgeschnitten wird, indem der Stengel, an dem die Frucht hängt, eintrocknet. Auf diesem Weg können wir manchmal große Zuckermengen abzapfen, wie bei der Birke, dem Ahorn, der Palme, wenn sie „im Saft" stehen. Wird er in den Depots wieder aus irgendwelchen Gründen mobil gemacht, so können allerdings sehr große Mengen Zucker auftreten. Bei den wild wachsenden Pflanzen erreichen diese Zuckermengen selten eine erhebliche Größe; anders bei Kulturgewächsen, wo durch Züchtung, ohne Nutzen für die Pflanze, auf Zucker hingearbeitet wird, z. B. bei Zuckerrüben, Zuckerrohr und auch bei unseren anderen Rüben. Zuweilen kann auch ein bestimmter biologischer Zweck mit der Zuckerbildung verbunden sein, z. B. bei der Zuckerbildung in den Früchten behufs Verbreitung derselben. Die Frucht ist stets der biologische Endzweck; sie dient nicht der Erhaltung des Individuums, sondern der Art. Deshalb kann uns die Entstehung größerer Mengen eines Kristalloids, wie des Zuckers, in den Früchten nicht überraschen; die Früchte haben für das Pflanzen*individuum* ihre Rolle ausgespielt. Im übrigen treffen wir die *Kohlehydrate* lediglich in kolloider, meist sogar in unlöslicher Form. Ich erinnere an die Stärke, die Zellulose und an die Gummiarten.

Ebenso wie der pflanzliche, hat auch der tierische Organismus die Fähigkeit, die *Kohlehydrate* in Kristalloide überzuführen. Fermente verwandeln die Stärke

---

*) Aus: *Heinrich Bechhold* (1866—1936), Die Kolloide in Biologie und Medizin, 5. Aufl. (Dresden und Leipzig 1929).

in Zucker, ja selbst die gegen chemische Eingriffe so widerstandsfähige Zellulose wird besonders im Darm der Pflanzenfresser löslich gemacht, um in das Innere des Tieres gelangen zu können. Sobald jedoch die kristalloiden Formen der Kohlehydrate die Darmwand passiert haben, werden sie dem Hauptdepot, der Leber, zugeführt, wo sie in der kolloiden, der unbeweglichen Form, als tierische Stärke, Glykogen, liegen bleiben. Auch in den meisten anderen Organen finden wir Glykogen, während die mobile Form der Kohlehydrate, der Traubenzucker, nur in minimalen Mengen (0,08–0,12 %), also nur so viel, als gerade zu Kraftzwecken verbraucht wird, vorkommt.

Auch die *Fette* kennen wir in einer echten löslichen Form (z. B. als Seifen) bei den Pflanzen nur beim Keimen der Samen, bei den Tieren vielleicht nur in dem Augenblick, in dem sie durch den Darm in das Innere gelangen wollen. Kaum haben sie jedoch den Darm passiert, so werden sie sogleich wieder in die kolloide Form, die Emulsion, verwandelt und ihrem Depot zugeführt.

Das Gleiche wie für die vorgenannten Stoffe gilt für die *Eiweißkörper.* Kristalloide Spaltungsprodukte derselben treffen wir wieder im keimenden Samen und in minimalen Mengen auf den Transportwegen, bei den Pflanzen das Asparagin, beim Tier u. a. Harnstoff, Harnsäure, Ammonsalze. Der Organismus bemüht sich auf das äußerste, die kolloide Form zu wahren. Kaum haben die im Magen und Darmlumen zerlegten kristalloiden Eiweißspaltungsprodukte die Darmwand passiert, so werden sie sofort in die kolloide Form zurückverwandelt, um ihnen den Rückzug abzuschneiden. Erst den kristalloiden Verbrennungsprodukten ist der Weg nach außen als Harn durch die Niere wieder gestattet.

Die physiologische Chemie pflegt die Rolle der Kohlehydrate, Fette und Eiweißkörper getrennt von der des *Wassers* und der *anorganischen Salze* zu behandeln. Die Lehre von den Biokolloiden kann das nicht, denn das Wasser und die Salze sind ein wesentlicher Bestandteil der Kolloide; ohne sie existieren keine Kolloide im Organismus, sie bedingen den für das lebende Kolloid charakteristischen *Quellungszustand.* Bei Zellen mit echten Membranen bedingen die Salze auch manchmal das Gleichgewicht im osmotischen Druck innerhalb und außerhalb der Zelle. Durch diese Generaleigenschaft erklärt sich jedoch keineswegs die Notwendigkeit der *verschiedenartigen* Anionen und Kationen (K, Na, Ca, Mg, Cl, SO_4, PO_4, CO_2); das Gleichgewicht im osmotischen Druck ließe sich durch jeden beliebigen Nichtelektrolyten, z. B. durch Zucker herstellen, und doch kann man durch eine isotonische Zuckerlösung keine Zelle am Leben erhalten. Die anorganischen Salze haben spezifische Beziehungen zu gewissen Organen, auf die wir später noch zurückkommen werden; sie sind der Ausdruck für den eigentümlichen scharf eingehaltenen *physikalischen Zustand,* den die Eiweißkörper, Kohlehydrate usw., aus denen jene Organe bestehen, bei Gegenwart bestimmter Wasser- und Salzmengen annehmen.

Die Chemie im allgemeinen und die physiologische Chemie im speziellen bemühen sich, den Bau einer chemischen Substanz im einzelnen zu erforschen und daraus ihre Eigenschaften zu erklären; sie spaltet, baut auf, vergleicht die zusammengeschmiedeten Stücke mit dem Original, ob sie ihm gleichen oder verschieden sind. Leider ist sie von diesem Ziel, soweit es die kolloiden Bestandteile des Organismus, insbesondere die Kohlehydrate und Eiweißkörper betrifft, noch sehr weit entfernt. Hier greift die Kolloidchemie ein und sucht die *Eigenschaften der fertigen Substanz* in ihren Leistungen zu verstehen und womöglich zu beherrschen. Die Kolloidchemie befaßt sich nicht mit den Maschinenelementen, sondern mit der fertigen Maschine. Der Chemiker spaltet die Eiweißkörper in Polypeptide, Aminosäuren usw., der Erforscher der Biokolloide vermeidet tiefere Eingriffe, er sucht die Bausteine möglichst intakt zu halten, studiert ihre äußere Form, die chemischen Angriffspunkte, die das unverletzte Teilchen bietet, sein Verhalten gegen Veränderungen, die unter normalen und pathologischen Umständen, sowie durch pharmakologische Eingriffe auftreten können.

Und noch eines möchte ich hier betonen: Die *Stoffe*, von denen die physiologische Chemie ausgehen kann, kommen nur in seltenen Fällen im Organismus vor. Das Serumalbumin und -globulin, die Stärke, ein Teil der Fette, sind zweifellos Stoffe, die man vom Organismus zu trennen vermag, ohne daß eine ihrer wesentlichen Eigenschaften verloren geht; sie gehören aber zu den Ausnahmen. Was wir im übrigen beim physiologischen Chemiker antreffen, sind Substanzen, die bereits eine erhebliche Änderung erlitten haben. Der Organismus kennt keinen Leim, keine Histone und kein Myosin; wenn wir auch ganz genau die chemische Konstitution des Leimes wüßten, so vermöchten wir auf Grund dessen doch noch nichts über die Eigenschaften und die Funktion des Knorpels und der Fibrillen des Bindegewebes auszusagen, aus denen er entstanden ist. Aber auch ohne die chemische Konstitution des Leimes zu kennen, wäre es denkbar, daß wir nur durch die Methoden der Kolloidforschung eine Reihe von Beobachtungen sammeln, die uns wertvolle Aufschlüsse über den chemischen Mechanismus jener Gewebe geben. —

Auf Grund der Arbeiten von *Emil Fischer* war man bis vor wenigen Jahren der Ansicht, daß die Biokolloide höchst komplizierte Molekeln besitzen müßten. Die Forschungen von *Abderhalden, Bergmann, R. O. Herzog, K. Hess, P. Pfeiffer, H. Pringsheim* und *Stiasny* weisen jedoch auch noch auf andere Möglichkeiten hin. Durch röntgenographische Untersuchungen wurde nachgewiesen, daß Stärke und Zellulose (Kohlehydrate) sowie Seide (Protein) zum Teil kristalline Struktur besitzen. Sie haben es höchst wahrscheinlich bewirkt, daß die kristallinen Bestandteile relativ einfache Konstitution besitzen, daß in den lange bekannten allgemeinen Formeln der Stärke und Zellulose $(_6H_{10}O_5)n$ das n nur eine kleine Zahl ist. Es besteht ferner die Wahrscheinlichkeit, daß diese relativ einfachen Molekeln nicht durch irgendwelche Kondensationen zu komplizierten Molekeln verschweißt sind, sondern lediglich durch Nebenvalenzen zusammengehalten werden. Auch für Zellulose, Seide und Proteine liegt diese Art der Auffassung durchaus im Bereich der Wahrscheinlichkeit.

Diese Annahmen sind jedoch durchaus nicht unbestritten. Forscher wie *Kurt H. Meyer* und *H. Mark, Staudinger, Johner* und *Singner* u. a. führen gewichtige Gründe dafür an, daß die Molekeln der Biokolloide aus sehr langen Ketten bestehen, die nebeneinander gelagert durch Mizellarkräfte zusammengehalten werden.

Es wird eine Zeit geben, wo die ältere physiologische Chemie und die neue Chemie der Biokolloide sich begegnen, wo der Tunnel, der von entgegengesetzten Seiten angeschlagen wird, durchbrochen ist.

Kolloide in Biologie und Medizin

Raphael Eduard Liesegang[*])

Mit 4 Abbildungen und 1 Tabelle

Kapillarphysik und Kapillarchemie, die allmählich Domänen der Kolloidlehre geworden sind, behandeln die Geschehnisse an Oberflächen, allgemeiner gesagt: an Grenzflächen, z. B. an der Berührungsstelle eines festen Stoffes und einer Flüssigkeit oder von zwei nicht mischbaren Flüssigkeiten. Je feiner verteilt der eine Stoff in dem andern ist (je höher sein Dispersitätsgrad ist), um so ausgebreiteter sind natürlich die Grenzflächen. Die Lehrbücher bringen Zahlenangaben über die Zunahme der Oberfläche mit fortschreitender Zerteilung, die den Fernerstehenden phantastisch anmuten können. Damit müssen auch die besonderen Geschehnisse an den Grenzflächen immer intensiver werden. Deshalb die hohe Bedeutung der kolloiden Dimensionen. Aber die Grenzflächengeschehnisse, die man wohl als Hauptgebiet der neueren Kolloidlehre ansprechen darf, hören nicht auf, wenn die Teilchen so grob werden, daß sie nicht mehr in das ursprüngliche System von *Ostwald* hineingehören. Übrigens hat *Ostwald*[1]) selbst die Grenzen seines Systems inzwischen wesentlich erweitert. Ursprünglich sollte das nicht mehr zu seinen „Kolloiden" rechnen, was einen Durchmesser von mehr als 0,1 μ (= $^1/_{10\,000}$ mm) besaß und damit im gewöhnlichen Mikroskop sichtbar wurde. Jetzt rechnet er auch Fäden zu den kolloiden Gebilden, wenn sie in ihrer Dicke unter 0,1 μ bleiben. Ihre Länge kann aber viel größer sein. Kolloid heißt jetzt bei ihm auch ein Plättchen, wenn nur seine Dicke unter 0,1 μ bleibt. Für die beiden anderen Dimensionen läßt er aber diesen Grenzwert fallen. — Man darf wohl noch einen Schritt weiter gehen. Besonders bei Gasreaktionen sind wichtige Beeinflussungen durch die Gefäßwände bekannt. Da ist es gleichgültig, wie dick die Wand ist. Selbstverständlich spricht man hier nicht mehr von kolloiden Dimensionen. Aber es gehört das, was sich an solcher Grenzfläche abspielt, ebenfalls zur Domäne des Kolloidforschers.

Die Kolloidlehre umfaßt also hier mehr als die Dispersoidologie. Hohe Zerteilung vermehrt nur das, was an den Grenzflächen und den noch wichtigeren Kanten und Ecken geschieht.

---

[*]) Erstmals erschienen in: *L. Lichtwitz, Raphael Eduard Liesegang* und *Karl Spiro* (Herausgeber), Medizinische Kolloidlehre. Physiologie, Pathologie und Therapie in kolloidchemischer Betrachtung (Dresden und Leipzig 1935).
[1]) *Wo. Ostwald*, Kolloid-Z. **55**, 257 (1931).

Grenzflächeneffekte

Es konnte scheinen, als wolle ich damit die Grenzen der Kolloidlehre unerlaubt erweitern. Ich aber denke, daß ein Satz von *R. Marc* von 1913 in Zukunft immer mehr Bedeutung erlangen wird: „Am eindeutigsten werden wir die Kolloidchemie als Chemie der Grenzflächen bezeichnen."

Ja, die Fassade ist hier oft wichtiger, als das, was dahintersteckt. Fast ein Begnügen mit *Potemkin*schen Dörfern. — Eine Portion einer kolloiden Eisenhydroxydlösung kann eine andere zur Ausflockung bringen, wenn beide an ihrer Peripherie entgegengesetzte elektrische Ladungen tragen. Die Hauptmasse der Teilchen einer kolloiden Goldlösung besteht aus metallischem Gold, das elektrisch neutral ist. Wenn diese Teilchen sich trotzdem als negativ geladen erweisen, so ist das nach *Wo. Pauli* dadurch bedingt, daß ihre Peripherie mit einer Hülle von Goldsäure bedeckt ist. Diese Hülle beherrscht das ganze Verhalten des kolloiden Goldes. Als einmal ein positiv geladenes Goldsol gefunden wurde, da stellte es sich heraus, daß eine äußerst dünne Hülle von Aluminiumhydroxyd darauf saß. Diese Fassade dominierte nun. Von kolloiden Farbstoffen usw. ist es bekannt, daß sie ihre Wanderungsrichtung im Stromgefälle umstellen können, wenn geeignete Eiweißkörper hinzukommen. Deshalb verhalten sich viele Stoffe im Serum anders als in physiologischer Kochsalzlösung. Phagozytierende Zellen richten sich nur nach dem, was als dünnste Hülle außen sitzt.

Das kann dem Biologen verständlich machen, weshalb verhältnismäßig kleine Mengen zu Umstellungen, zu Sensibilisierungen Anlaß geben können, wenn es sich um kolloidchemische Reaktionen handelt.

Die elektrischen Verhältnisse an der Peripherie der Teilchen sind größtenteils beherrscht durch besondere Lokalisationen der chemischen Bestandteile. Von diesen Orientierungen der Grenzteilchen im Sinne von *Langmuir* und *Harkins* wird noch die Rede sein, wenn Adsorptionen und Emulsionen besprochen werden. Trotz dieses oft außerordentlich komplizierten Aufbaus bei anorganischen kolloiden Teilchen wird selbstverständlich keiner wagen, von ihnen einen Sprung zur lebenden Zelle zu machen. Und doch ist es erlaubt, an dieser Stelle daran zu erinnern, wie oft von Biologen behauptet worden ist, dieser oder jener Effekt könne sich nur an der Peripherie der Zelle, an ihrer Membran abspielen, nicht aber in ihrem Innern. Oder es heißt von der kontraktilen Muskelfaser eines Insektenflügels, der in der Sekunde vielleicht hundertmal schwingt: Die Zeit reicht nicht annähernd aus, damit ein Stoff ins Innere dringen könne.

Auch hier also ein Begnügen mit Geschehnissen an den Fassaden. Und damit doch eine entfernte Beziehung zum „einfachen" anorganischen Kolloid. Und damit auch Erleichterung dessen, was in den beiden folgenden Abschnitten angeschnitten wird.

Adsorption

Sorption deutet hier auf eine Ansammlung hin. Das „Ad" wurde von *van Bemmelen* statt des älteren „Ab" dann angewandt, wenn sich der Vorgang auf die

Oberfläche beschränkte. — Es ist bezeichnend, wie selbst ein *Zsigmondy* nicht ganz klar zu sprechen wagte, wenn es sich darum handelte, ob bei der Aufnahme eines Stoffs durch eine Gelatinegallerte das Ad oder das Ab anzuwenden sei. An welcher Stelle mußte man Halt machen, nachdem der Begriff der inneren Oberflächen eingeführt war? Eigentlich bestand da ja gar keine natürliche Grenze. Und an Konventionen ließ sich immer rütteln.

Ein Stück metallischen Aluminiums überzieht sich an der Schnittfläche rasch mit einer dünnen Schicht von Aluminiumoxyd. Diese Schicht schützt vor weiterem Angriff des Sauerstoffs, da sie hierfür kaum durchlässig ist. Also Beschränkung der Sauerstoffanreicherung auf die Oberfläche. Aber das ist ein Vorgang, der nicht hierher gerechnet wird, weil er zu ausgesprochen seinen klassisch-chemischen Charakter zeigt. Sehr vieles, bei dem das gleiche Bedenken berechtigt wäre, wird trotzdem zur Adsorption gerechnet. Und dabei wird nicht einmal streng das Ad zur Grundbedingung gemacht. Ich erinnere auch an den Begriff der „Austauschadsorption" von *Michaelis* und *Rona*. Dabei findet eine Anreicherung eines neuen Stoffs nur dadurch statt, daß ein anderer Stoff in äquivalenter Menge aus dem „Adsorbens" herauskommt.

Ad oder Ab, nur außen oder auch innen. — Für viel biologisches Geschehen ist das so wichtig, daß man dieses Thema nicht gleich lassen soll. Bei *Gibbs*, von dessen grundlegendem Satz noch gesprochen werden soll, heißt es gar nicht: Beschränkung auf die Oberfläche, sondern Anreicherung an der Oberfläche. Innen ist nur weniger. Das Ad gilt hier also noch weniger streng als bei einigen zweifellosen chemischen Umsetzungen.

Man verstehe hieraus, daß auch ich nicht reif bin, mit einigen Schlagworten den Begriff Adsorption zu fassen und ihn gegen die Absorption abzugrenzen. Oder man müßte sich helfen, wie es *Zsigmondy* tat:

„Von *Freundlich* ist gezeigt worden, daß das Adsorptionsgleichgewicht sich im allgemeinen schnell einstellt, daß aber auch Fälle vorkommen, in welchen ein Gleichgewicht schwer zu erreichen ist. Hier nimmt *Freundlich* allmähliches Eindringen der adsorbierten Substanz in das Innere der festen Phase oder Eintreten chemischer Reaktionen an." *Zsigmondy* bleibt dann bei der Verschmierung der Grenzen des Begriffs: „Mit dem Vorbehalt, daß nicht alles, was man als Adsorption bezeichnet, wirklich reine Oberflächenverdichtung ist, soll das Wort hier gebraucht werden." . . .

Reversibilität

Viel wichtiger als solche Übersetzungen, solche Entscheidungen über Ad und Ab, über das Vorhandensein bloßer Anreicherungen an Grenzflächen, von Lösungsvorgängen oder von eigentlich chemischen Vorgängen scheint für die Biologie die Frage, ob die Vorgänge leicht wieder rückgängig zu machen sind.

„Es ist leicht einzusehen", sagte einmal *Herbert Freundlich*, „weshalb gerade Adsorptionsvorgänge in so bevorzugtem Maße in den Organismen auftreten. Eine Besonderheit der Lebensvorgänge ist ja, daß sie selbstregulierbar sind; tritt eine Störung auf, so erzeugt sie im Organismus eine Gegenwirkung, die sie rückgängig zu machen sucht. Eine grob chemische Reaktion, bei der gleich Stoffe entstehen, die sich nicht ohne weiteres in die Ausgangsstoffe zurückbilden lassen, sind für eine solche Selbstregulierung weniger geeignet als die lockeren Bindungen der Adsorption, bei denen dies viel leichter möglich ist."

Dreierlei muß hierzu bemerkt werden: *Erstens* sind auch klassisch-chemische Vorgänge umkehrbar. Es braucht nur daran erinnert zu werden, daß man dann nicht schreibt A + B = AB, sondern A + B ⇄ AB. — Und sobald es sich um Lösungsvorgänge handelt, um die Verteilung eines Stoffes in zwei nicht unbegrenzt mischbaren Flüssigkeiten, dann ist die Reversibilität so gewährleistet wie bei wirklichen Adsorptionen. In den Theorien einer exquisit reversiblen Reaktion: der Narkose wird — trotz aller Anfechtungen gegen die Verallgemeinerungen von *H. H. Meyer* und *Overton* — noch immer mit Recht von der Lipoid „löslichkeit" gesprochen. Die Adsorption steht hier also durchaus nicht allein da.

Zweitens wird nicht selten von irreversiblen Adsorptionen gesprochen. Da mag zuerst wirklich eine bloße Anreicherung an den Grenzflächen gewesen sein. Dann kam es zu einem Zusammentritt der dichter benachbarten Moleküle: zur Bildung von Doppel- und Mehrfachmolekülen[2]), zu Polymerisationen. Die vielfach beobachteten Begünstigungen von chemischen Umwandlungen der adsorbierten Stoffe mögen dabei noch ganz außer acht bleiben. Aus den Worten von *Freundlich* könnte man herauslesen, daß solches „unerwünscht" sei. Aber gerade solche Polymerisation und damit verwandte Synthesen braucht der Organismus ja auch zu seinem Aufbau aus den ganz zerlegt gewesenen Nährstoffen. Hierfür ist die Struktur, das Vorhandensein richtig gestalteter Grenzflächen, also das, was zunächst zu Anreicherungen führen kann, von größter Bedeutung.

Drittens: Wenn *Freundlich* von Adsorption sprach, so hatte er gewiß jene Versuche vor Augen, welche ihn zur Aufstellung seiner Adsorptionskurve führten. Zu einer Methylenblaulösung wird Tierkohle zugegeben. Bald ist eine gewisse Menge des Farbstoffes auf der Kohle festgehalten und ein Gleichgewicht eingestellt. Fügt man mehr Wasser zu, so verläßt ein Teil des Farbstoffes die Kohle. Ein neues Gleichgewicht stellt sich ein. Ohne die Flüssigkeitsmenge wesentlich zu verändern, kann man ähnliches wie durch Wasservermehrung erreichen. Man braucht nur einen Stoff zuzugeben, der leichter adsorbiert wird als Methylenblau. Nicht mit Unrecht macht man eine Unterscheidung gegenüber dem vorigen. Man spricht von Adsorptionsverdrängung. Ähnliches ist auch möglich, wenn man nachträglich dem Wasser einen Stoff zufügt, der die Löslichkeit des Methylenblaus erhöht. (Wie viel hierbei auf Rechnung einer Adsorptionsverdrängung zu setzen ist, das ist nicht immer leicht zu erfassen.) Wenn *Willstätter* bei seiner Reinigung der Fermente sie erst auf einen oberflächenreichen Stoff anreicherte und sie davon durch Salzeinwirkungen wieder befreite, so sprach er von Elution.

---

[2]) Mit solchen hat man ebensogut bei der Verteilung eines Stoffes zwischen zwei Lösungsmitteln zu rechnen. Es können sich dann Kurven ergeben, die derjenigen der *Freundlich*schen Adsorptionsisotherme täuschend ähnlich sind. Aus dieser Kurve darf man also nicht ohne weiteres einen Schluß über das Wesen des vorliegenden Prozesses ziehen.

(Unterschiede in der Dielektrizitätskonstante der aneinander grenzenden Flüssigkeiten können zum Zusammenlegen der Moleküle führen. Nach *Blüh* ist die DEK des adsorbierten Wassers eine ganz andere als die des freien Wassers.)

In der Sprache der allgemeinen Kolloidlehre sollte man strenggenommen bei der Adsorptionsverdrängung und bei der Elution nicht von Reversibilität sprechen. Denn man bringt ja noch ein Viertes zu der Dreiheit von Adsorbens, Adsorbat und Lösemittel. Aber die biologische Kolloidlehre darf betonen, daß jene erstgenannten Befreiungen durch Vermehrung des Wassers im Organismus eine nicht so große Rolle spielen wie gerade die beiden anderen: „Gegenwirkungen im Organismus", von denen auch *Freundlich* spricht.

Wie gesagt: Viel wesentlicher ist es hier, daß etwas rückgängig zu machen ist, wichtiger als die Anwendbarkeit oder Nichtanwendbarkeit der klassischen Adsorptionsformel. Unter den zahlreichen Möglichkeiten hierzu, welche dem Organismus zur Verfügung stehen, sind besonders die periodisch wechselnden zu nennen: Das Kreisen des Blutes jetzt durch die Kapillaren der Lunge, dann durch die der anderen Gewebe, sein wechselnder Aufenthalt in Arterien und Venen. Bei der Lektüre der Abschnitte über den Wasserhaushalt, das Blut usw. möge man sich erinnern, daß so immer wieder Reversibilitätsmöglichkeiten geschaffen werden.

Eine Art „Reversibilität", von der noch bei der Behandlung der Alterungsphänomene zu sprechen sein wird, kommt auf eine ganz andere Weise zustande: Lagern sich diese Teilchen des adsorbierenden Stoffes dichter zusammen, so kommt es zu einer Verringerung der Oberfläche und damit zu einem „Adsorptionsrückgang".

Architektur der Grenzflächen

H. Freundlich, dem wir so viele Aufklärungen über die Adsorptionen verdanken, beginnt darüber in seiner kleinen Schrift „Kolloidchemie und Biologie" [3]), indem er vom Aufbau fester Kristalle spricht, zu denen der Fernerstehende nicht gleich ein Pendant in den tierischen Organismen findet. Und dann kann es im ersten Augenblick überraschen, daß er bei einer Art chemischer Umwandlungen landet.

Es ist das, worauf zuerst *Haber* aufmerksam gemacht hat: Im Innern eines Chlorsilberkristalls (— ich darf nicht verschweigen, daß ich im folgenden einen anderen Weg gehen muß als *Freundlich* —) liegen in den drei Dimensionen je 6 Cl-Ionen um jedes Ag-Ion, und ebenso je 6 Ag-Ionen um jedes Cl-Ion. Diese Ionen sind also nach allen Richtungen hin gleichmäßig gebunden und ihre Valenzen sind abgesättigt. Ganz an der Oberfläche eines idealen Chlorsilberkristalls liegen schachbrettartig Cl- und Ag-Ionen, denen nach außen hin der Partner fehlt. Bei ihnen sind also, im Gegensatz zu den Ionen des Inneren, Restvalenzen frei. Deren Betätigung bezeichnete *Haber* auch als Adsorption.

Bringt man einen solchen Kristall in eine verdünnte NaCl-Lösung, so lagern sich Cl-Ionen an jene Stellen des Schachbrettes an, die von Ag-Ionen besetzt sind. Es entsteht das, was *Fajans* einen „Chlorkörper" nennt. In AgNO₃-Lösung entsteht ein „Silberkörper" [4]). — Hier sei nebenbei noch einmal zur Fassadenlehre

---

[3]) *H. Freundlich,* Kolloidchemie und Biologie. 3. Aufl. (Dresden und Leipzig 1924).

[4]) Läßt man AgCl in der üblichen Weise durch Doppelzersetzung von AgNO₃ und NaCl entstehen, so kommt es schon unmittelbar zur Bildung von Chlor- oder von Silberkörpern.

zurückgekehrt. Da beim Chlorkörper die ganze Oberfläche mit negativen Ionen besetzt ist, ist der Kristall negativ aufgeladen. Der Silberkörper ist positiv. Trotz der Geringfügigkeit der „Überschüsse" ist z. B. auch das photographische Verhalten der beiden Körper ganz verschieden.

Auch ein anderes sei hier nur nebenbei erwähnt. Bisher wurde nur von der Oberfläche schlechthin gesprochen. Kommt man zu den Kanten oder gar zu Ecken, dann häufen sich die Restvalenzen. Besonders *Schwab* hat mit dieser anderen Art von Mosaik operiert, wenn er die Theorie der Katalysatoren behandelte. Man möge sich dessen erinnern, wenn von der Form der kolloiden Teilchen die Rede sein wird. Es erhellt hieraus schon jetzt, daß die Form neben der sonst so sehr hervorgehobenen Teilchengröße nicht vernachlässigt werden darf. Selbstverständlich nehmen die Kanten und Ecken zu, wenn der Verteilungsgrad ein höherer wird.

Für den Biologen ist, wie gesagt, die Frage nach der Reversibilität das Wichtigste. Es ist aber nicht ohne weiteres einzusehen, weshalb die Cl-Ionen, welche bei der Bildung des Chlorkörpers zuletzt hinzukamen, so viel leichter abreißbar sein sollten[5]). *Freundlich,* der kein solch konkretes Beispiel gewählt hat, sagt: „Die chemischen Veränderungen, die die Atome des festen Stoffes, d. h. des Adsorbens erfahren — also die Veränderungen in der Lage der Elektronenbahnen oder im Abstand der Atomkerne —, sind bei der Adsorption nicht so eingreifend, wie bei der echten chemischen Verbindung. Denn nach dem Innern des Adsorbens zu bleiben ja jene äußersten Atome des festen Stoffes in ihrem alten Verband, nur der nach außen ragende Teil ihrer Valenzkräfte ist durch die Adsorbtion der Moleküle des Gases oder des gelösten Stoffes verändert." *Freundlich* spricht also vom adsorbierenden Körper, d. h. vom Chlorsilberkristall. Das Ag-Ion, welches das später hinzugekommene Cl-Ion festhält, sei selber nach innen hin zu sehr gebunden. Der nach der Reversibilität fragende ist aber viel mehr interessiert für das Verhalten des zuletzt hinzugekommenen Cl-Ions. Und deshalb ist es zweckmäßig, den Satz von *Freundlich* in das Verhalten des Cl-Ions zu übersetzen. Nur durch einen Bruchteil der positiven Valenz des Ag-Ions ist es festgehalten. Man denke an den Ausdruck „Restvalenz". Jenes Cl-Ion sitzt da also tatsächlich lockerer als die Cl-Ionen des eigentlichen Kristallgitters. (Und die elektrostatische Abstoßung der benachbarten Cl-Ionen des Gitters wird noch zu der Lockerheit beitragen.) Dieses Cl-Ion kann deshalb auch sein Na-Ion nicht ganz aufgegeben haben.

Es braucht kaum betont zu werden, daß man mit der Wirkung solcher Restvalenzen auch dann operieren kann, wenn gar kein so vollkommenes Kristallgitter im Adsorbens vorhanden ist. Auch bei einem amorphen Stoff darf man damit rechnen.

Bei der allerexaktesten Dosierung könnten beide nebeneinander auftreten. Und selbst die andere Methode, zu jener Schachbrettform zu gelangen, versagt vielleicht. Bei der Spaltung eines AgCl-Kristalls kann der Spalt so verlaufen, daß die eine Hälfte ein Chlor-, die andere ein Silberkörper ist.

[5]) Chemischer Natur ist diese Bindung gewiß. Denn *K. Fajans* (Z. physik. Chem. A. 158, 97 [1932]) fand bei der Unterordnung der Adsorption an Silberhaloide: Ein Ion wird nur dann gut adsorbiert, wenn es mit dem entgegengesetzt geladenen Ion des Gitters eine schwer lösliche oder schwer dissoziierende Verbindung gibt.

Anfangs wurde nur von der Architektur der einen Grenzfläche gesprochen: Von derjenigen des AgCl-Kristalls. Wie es etwa in der anderen Grenzfläche, nämlich der Flüssigkeit aussieht, das ist aus den letzten Sätzen schon ableitbar. Das Cl-Ion ist nach dem Kristall hin gerichtet, das Na-Ion nach dem Wasser hin. Auf diese anderen Architekturen geht das Folgende ein.

Adsorption und van der Waalssche Kräfte

Ein Hinweis auf eine der letzten Weiterentwicklungen dieser Vorstellungen von der Adsorption beschränke sich fast auf die Wiedergabe einer schematischen Abbildung von *B. Težak*. Sie läßt auch dann sehr Wesentliches erkennen, wenn man auf die im Original behandelten Beziehungen zum Atombau verzichtet, da sie hier zu weit führen würden.

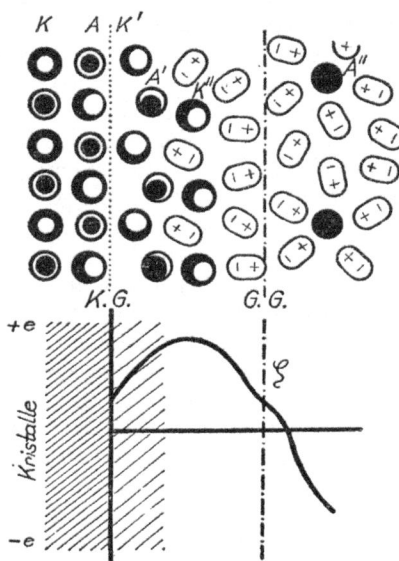

Abb. 1. Ionenadsorption an einem Kristall.

Links ist die Oberfläche eines aus Kationen (Kreise ohne Punkt = K) und Anionen (Kreise mit Punkt = A) aufgebauten Kristalls. Rechts befindet sich die gesättigte Lösung des gleichen Salzes, also ebenfalls mit K und A. Hier sind natürlich auch noch die Lösemittelmoleküle (+ —) vorhanden.

In der allerletzten Schicht des Kristalls nach der Lösung hin sind die Deformationen der Elektronenringe der Kationen durch die intensivere linke Randzone angedeutet. Solche Deformationen finden sich auch in den adsorbierten Kationen K', welche zusammen mit den adsorbierten Anionen A' eine elektrische Doppelschicht bilden. Die im Kristall vorhandene regelmäßige Anordnung ist hier nicht mehr vorhanden. Noch stärker wird die Unregelmäßigkeit bei den entfernteren K″ und A″, welche *Težak* als Träger des dynamischen Gleichgewichtes zwischen den gelösten Ionen und dem Kristall bezeichnet.

Die Deformationen der Elektronenringe, welche sich auch bei K″ und A″ zeigen, sind Ursache der *van der Waals*schen (Kohäsions-)Kräfte. Diese Deformationen rufen nach *F. London* kurzperiodische Oszillationen der Nullpunkte der Elektronensysteme hervor.

Die Lehren von Gibbs, Traube, Langmuir und Harkins behandeln die Ausbildung der Adsorption in der flüssigen Grenzfläche und deren Feinbau. Es muß von vornherein gesagt werden, daß die Einzelheiten dieser verschiedenen Lehren noch nicht hinreichend miteinander verwoben sind, obgleich sie das gleiche Thema — nur von verschiedenen Gesichtspunkten aus — behandeln.

Der so häufig zitierte Satz von *Willard Gibbs* (1876) ist zunächst für eine Flüssigkeit geprägt worden, über welcher ein darin nicht lösliches Gas steht. Auf Flüssigkeiten mit gelösten Salzen übertragen, lautet er: Vermag der gelöste Stoff die Oberflächenspannung der Flüssigkeit herabzusetzen, so reichert er sich in der Oberfläche an; er wird also positiv adsorbiert. *Wo. Ostwald* machte darauf aufmerksam, daß neben diesem mechanischen Effekt der Oberflächenentspannung noch manches andere zu einer Anreicherung in der Oberfläche führen könne. Mit besonderer Berücksichtigung der lokalen Anreicherungen von kolloid verteilten Stoffen versucht er eine Verallgemeinerung des *Gibbs*-Theorems auch auf die elektrisch und die chemisch bedingte Adsorption. „Besteht an einer Grenzfläche irgendein Energiepotential, das durch eine Konzentrationsänderung des angrenzenden Dispersoids verringert werden kann, so wird eine solche, d. h. also eine Adsorption eintreten." Und er erläutert den ersten Fall: Wird ein positiv geladener fester Körper in eine Flüssigkeit getaucht, welche negativ geladene kolloide Teilchen enthält, so wird die genannte Potentialdifferenz abnehmen können, wenn sich die kolloiden Teilchen an der Grenzfläche ansammeln und die dort vorhandene Potentialdifferenz teilweise neutralisieren. — Ob aber hier, und besonders bei der sog. chemischen Adsorption jene vorzügliche Reversibilität besteht, wie im *Gibbs*-schen Fall, ist jedenfalls fraglich.

J. Traube wagte schon 1884 gegen den zu weit gehenden Vergleich von Gas und Lösung bei *van't Hoff* zu protestieren. Und bei *Arrhenius* vermißte er die elektrostatische Wirkung der Ionen. Die Anziehung zwischen dem Gelösten und dem Wasser bezeichnete er als Haftdruck. Ein Stoff mit hoher Haftintensität sucht einen Stoff mit niederer Haftintensität aus der Lösung zu verdrängen. Geringe Haftintensität begünstigt die Anreicherung dieses Stoffes in der Oberfläche. Hier kommt die Beziehung zu *Gibbs:* Durch diese Anreicherung wird die Oberflächenspannung herabgesetzt. Solche Stoffe sind „oberflächenaktiv".

Deshalb war auch *Traube* so sehr an der Oberflächenspannung und ihrer Änderung durch Zusätze interessiert. Er verglich (durch Tropfengrößenbestimmung mittels seines Stalagmometers) den Einfluß von Stoffen homologer Reihen (Alkohole, Fettsäuren usw.) auf die Oberflächenspannung des Wassers. Um auf gleiche Oberflächenspannung einzustellen, mußte er jedesmal mit der dreifachen Menge Wasser verdünnen, wenn er zum nächsthöheren Stoff in der Reihe überging. Das ist die „*Traube*sche Regel", die namentlich in der Pharmakologie der Anästhetika noch behandelt wird. Sie weist hin auf eine häufige Parallelität von Lipoidlöslichkeit und Oberflächenaktivität und Beziehungen der Permeabilität zu Oberflächenspannungen . . .

Von der Feinstruktur in der flüssigen Grenzfläche war bei *Gibbs* und *Traube* nicht die Rede. Hierauf gingen *J. Langmuir* und *W. D. Harkins* (1917) ein. Das Chemische, das sie über die Stoffe sagen, deren Verhalten bei der Adsorption sie untersuchen, kann in Beziehung gebracht werden zu der Lehre von *Haber*. Denn auch hier handelt es sich um die Betätigung von Valenzresten: Während 1 C durch 4 H vollkommen abgesättigt wird, können bei der Bindung des C an O und N, bei Doppelbindungen usw. Valenzreste vorhanden sein. Besonders aber vermag die Ionisation einer Gruppe, z. B. der Karboxylgruppe, solche Aktivitäten zu schaffen. Ist nun ein langgestrecktes Molekül, z. B. einer Fettsäure, so gebaut, daß das eine Ende solche Valenzreste besitzt, das andere dagegen nicht (oder kaum), so liegt ein Körper vor, der zum Aufbau der von *Langmuir* und *Harkins* beschriebenen Adsorptionsgebilde fähig ist.

In einer Wasseroberfläche richtet sich ein Ölsäuremolekül ($CH_3(CH_2)_7 \cdot HC =$ $CH(CH_2)_7 \cdot COOH$ derart, daß seine aktive (hydrophile) COOH-Gruppe ins Wasser, die mit der hydrophoben CH_3-Gruppe schließende CH_2-Kette dagegen in die Luft ragt. Alle diese Fadenmoleküle richten sich parallel. Man könnte den Vergleich mit einem Weizenfeld machen. Die in der Erde steckenden Wurzeln würden den Karboxylgruppen entsprechen, die Halme den Kohlenwasserstoffketten. Die Dicke der Schicht entspricht einer Moleküllage. Die Schicht ist dann um so dicker, je länger die Moleküle sind. Kurze Moleküle entsprechen dem jungen Weizen, lange Moleküle dem ausgewachsenen. Die Messungen, welche *Langmuir* angestellt hat, entsprechen diesem Bild. In der Adsorptionsschicht herrscht also eine räumliche Ordnung, die doch ganz anders ist als in einem Kristallgitter.

Für den Biologen noch interessanter sind die von *Harkins* studierten Verhältnisse an der Grenzfläche zweier Flüssigkeiten, die nicht ineinander löslich sind. Auch hier findet bei geeignetem Bau der Moleküle eine entsprechende Orientierung statt. Löst man ölsaures Natron in Wasser und bringt dieses in Berührung mit einer organischen Flüssigkeit, so ragt seine Kohlenwasserstoffkette in letztere, das Ende mit dem Na-Atom ins Wasser. So kann der Hiatus an der Grenze zwischen Öl und Wasser durch die Orientierung der Seifenmoleküle überbrückt werden. Das ist von großer Bedeutung geworden für das Verständnis der Wirkung der Seifen usw. als Emulgatoren und als Stabilisatoren bei Emulsionen.

Elektrische Ladungen an Grenzflächen

Aus den eben geschilderten Strukturverhältnissen leitet sich eine der Möglichkeiten ab, wie sich an Grenzfällen elektrische Potentiale ausbilden können: Das in das Wasser ragende Ende des Seifenmoleküls spaltet sich in Ionen, von denen die negativ geladenen COO an der Peripherie des Öltröpfchens liegt, während die positiven Na-Ionen die vorigen umschließen: $Öl - COO^- \cdot Na^+$.

Es bildet sich also eine elektrische Doppelschicht, die im wesentlichen derjenigen sehr ähnelt, welche bei der Adsorption an Chlorsilber (S. 45) geschildert wurde.

Es braucht nur darauf hingewiesen werden, daß *Wo. Pauli* und *E. Valko* eine „Elektrochemie der Kolloide" von über 600 Seiten verfaßt haben, um ahnen zu lassen, wie manche andere Möglichkeiten zur Ausbildung von Aufladungen an Grenzflächen sonst noch vorhanden sind und wie viel hieran bereits studiert worden ist. Wer sich nicht in all dieses hineinarbeiten will, dem kann das Verständnis für manches dadurch erleichtert werden, daß er sich eines der Leitmotive: der Fassadenlehre erinnert: Maßgebend für viele Eigenschaften der kolloiden Teilchen (für das Verhalten im elektrischen Stromgefälle, für einen Teil der Stabilität, der Flockungserscheinungen usw.) sind einige Ionen, die an der Peripherie des Teilchens sitzen. Die Hauptmasse des Teilchens kann in vielen Fällen als neutraler Ballast aufgefaßt werden. Oder man kann sie als ein Reservoir auffassen, aus dem Material nachgeliefert wird, das an der Peripherie verbraucht wurde.

Zwei Extreme seien nebeneinander gestellt: Von den stark hydratisierten Eiweißkörpern, z. B. der Gelatine, weiß man, daß sie „in Lösung bleiben", auch wenn man ziemlich große Mengen von Elektrolyten zugefügt hatte. Dagegen genügen schon geringe Mengen von passenden Elektrolyten, um kolloide Metalle zur Ausflockung zu bringen, falls diese Metallteilchen nicht durch Umhüllung mit Eiweißteilchen geschützt waren. Die Flockung kommt dann zustande, wenn die oberflächliche Ladung des Metallteilchens durch Ionen des Elektrolyten neutralisiert wird. Deshalb rechnet man damit, daß die Metallsole ihre Stabilität in der Hauptsache durch die elektrische Aufladung erhalten. Bei der Gelatine ist diese aber weniger bedeutsam. Mehr ist es hier ihre Hydratation. — Weniger hydrophile Eiweißkörper, wie die Globuline, stehen zwischen diesen beiden Extremen.

Sollte hier nur von reiner Biologie die Rede sein, so wäre es nicht nötig, sich um Metallsole zu kümmern. Aber nicht nur in der Therapie, sondern auch bei den diagnostischen Methoden sind sie von Wichtigkeit, und ihr Verhalten wird in jenen Abschnitten dargestellt werden. Die Unterschiede gegenüber großflächigen Grenzen sind in der Hauptsache quantitative.

Vorgänge, wie sie in den galvanischen Ketten auftreten, beschränken sich nicht auf die Oberflächen. Denn das in eine Flüssigkeit eintauchende Metall kann Ionen weit hinein in die Flüssigkeit aussenden und Ionen aus diesen aufnehmen. Im Gegensatz zu diesen *Nernst*schen oder ε-Potentialen sind die von *Freundlich* behandelten ζ-Potentiale reine Oberflächenangelegenheiten und für die Biologie von viel größerer Bedeutung. Bewegt sich eine Flüssigkeit an einer festen Wand vorbei, z. B. in einer Kapillare, so bleibt eine dünne Flüssigkeitsschicht unbewegt an der Wand haften. ζ stellt den Unterschied dar, der zwischen den Potentialen der unbewegten und der bewegten Flüssigkeit vorhanden ist. Wird die festhaftende Wasserschicht durch stark absorbierbare Farbstoffe oder Alkaloide verändert, so wird dadurch ζ sehr stark beeinflußt, ε dagegen kaum oder nur indirekt. Umgekehrt hat die Änderung der Wasserstoffionenkonzentration auf den *Freundlich*-Effekt nur geringen Einfluß, dagegen einen großen auf den *Nernst*-Effekt.

Elektrokinetische Erscheinungen, d. h. solche, die von ζ beherrscht werden, treten natürlich nicht nur auf, wenn sich eine Flüssigkeit an einer Wand vorbeibewegt, z. B. auch beim Durchtritt durch eine Membran, sondern auch dann, wenn sich kleine feste Teilchen in einer ruhenden Flüssigkeit bewegen, z. B. wegen der Schwerkraft zu Boden sinken. Im Organismus kommt es also nicht allein im strömenden Blut zu einer elektrischen Aufladung der kolloiden Proteine und der Wandungen der zellulären Elemente, sondern auch zu Aufladungen dünnschichtiger Membranen und massiger Gewebe, wenn in ihnen Filtrationen oder Diffusionen stattfinden. Immer muß man die komplizierteren, d. h. mit Flüssigkeitspolstern versehenen Grenzflächen in Rechnung setzen. ζ beherrscht auch die Umkehrungen der vorigen Geschehnisse, also Elektroosmose und Kataphorese, d. h. die durch einen elektrischen Strom bewirkte gerichtete Bewegung einer Flüssigkeit durch eine Membran und eine ebensolche Bewegung eines kolloiden Teilchens in einer Flüssigkeit.

Die Lage der Grenzlinie ζ ist aus dem Schema von *Težak* zu ersehen.

Grenzflächen im Nichtbelebten und im Belebten

Im kolloiden Gold sah man ehemals ein außerordentlich kleines Stückchen reinen Metalls, umgeben mit Wasser. Wie kompliziert war demgegenüber eine einfache lebende Zelle, wenn man auch nur ihre Peripherie betrachtete. Wie die Modellversuche der *Traube*schen Zelle, wie *Pfeffers* Osmometerversuche zeigten, waren die Permeabilitätsverhältnisse in der Zellmembran ein sehr wesentliches bei der Betrachtung der Lebenserscheinungen.

Wie sieht es dagegen heute mit den Grenzflächen im Nichtbelebten aus! Nur ein Teil all der Komplikationen wurde hier berührt. Die Zukunft wird noch mehr Komplikationen aufdecken. Die Grenzfläche nichtlebender Teilchen ist heute schon komplizierter als die Grenzfläche lebender Zellen in der Auffassung von *Pfeffer*.

Wir dürfen da schon gar nicht Gold als Metall in Rechnung setzen. Nach *Wo. Pauli* ist an der Peripherie eine Goldsäure. Das Gold tritt hier nicht als Kation wie im $AuCl_3$ auf, sondern als Anion. Daher die negative Ladung. Die weiteren Ionenverteilungen daherum sollen nicht spezifiziert werden. Dann kommt jene festhaftende Wasserhülle, welche das ζ-Potential veranlaßt. Was hat alles die Dipolstellung der Wassermoleküle um hydratisierte Kolloidteilchen zur Folge! Auch dieses ist wieder eine besondere Hülle. Adsorbiertes Wasser soll nach *Blüh* eine Dielektrizitätskonstante = 1 haben. Was hat solches Wasser in seinen Lösewirkungen usw. mit dem freien Wasser (DEK 82) zu tun! Von einer dissoziierenden Wirkung kann da keine Rede mehr sein. — Dann die *Langmuir*-Orientierung und vieles andere.

Man wagt fast, die Frage zu stellen, ob die lebende Zelle an ihren Grenzflächen noch mehr Hilfsmittel braucht, als wir sie in den vorangegangenen Abschnitten bei nichtbelebtem Material schon aufgedeckt haben.

Da *Freundlich* in einer Besprechung der Arbeiten von *Langmuir* und *Harkins* noch Beispiele vermißt, bei denen man diese besondere Lagerung von Molekülen in Grenzschichten dazu benutzt hat, um in den Zellen stattfindende Vorgänge zu erklären, da er anderseits aber nicht an ihrer biologischen Bedeutung zweifelt, so sei eine Frage erlaubt: Gleicht nicht eine Grenzfläche, bei welcher die hydrophobe Seite der „Molekülbürste" nach außen gerichtet ist, der von *H. H. Meyer* und *Overton* angenommenen Lipoidhaut? War diese Ordnung zuerst nicht vorhanden und kommt dann z. B. Chloroform von außen heran, so muß sie sich gleich einstellen. Das will sagen: Vielleicht bildet sich die lipoidähnliche Schicht ad hoc, wenn ein lipoidlöslicher Stoff an die Zelle herantritt. Und diese Ordnung, dieser Abschluß gegen Wasser und gegen die nichtlipoidlöslichen Stoffe könnte Narkose bedingen. Bei Wegnahme des Chloroforms könnte durch Aufhebung der Ordnung oder dadurch, daß sich die hydrophoben Enden der Grenzschichtmoleküle nur mehr nach dem lipoidreicheren Zellinneren zukehren, würde die Permeabilität für Wasserlösliches wieder auftreten. *Nathansohn* hatte die nach anfangs begeisterter Aufnahme so viel angefochtene Lipoidtheorie durch einen Kompromiß brauchbar zu machen gesucht. Mosaikartig sollten Lipoid- und wasserdurchlässige Proteinbausteine nebeneinander liegen. Statt dieses Räumlichen, des Nebeneinanders wird hier ein Zeitliches, ein Nacheinander angenommen.

Stäbchenförmige Kolloide

Obgleich die Molekülfäden und die langgestreckten Kolloide im Muskelkapitel durch den sachkundigeren *Guido Boehm* behandelt werden, hier noch einige Worte darüber.

Als Einleitung zu einigen Abhandlungen über Eigenschaften der Seifen präzisiert *Thiessen*[6]) zwei Begriffe, die nicht selten miteinander verwechselt werden: Als „Micel" bezeichnete *v. Nägeli* (1858) den kleinsten anisotropen Baustein natürlicher und künstlicher Gele. „Mizelle" dagegen ist nach *Cotton* (1906) und *Duclaux* (1907) ein Teilchen kolloider Dimensionen samt den am Teilchen haftenden Ladungen und den in der Umgebung der Teilchen befindlichen kompensierenden Ladungen entgegengesetzten Vorzeichens. Bei Wasser als Zerteilungsmittel sind die Ladungen der diffusen Doppelschicht meist durch Ionen gebildet. Der Kern der Mizelle muß nicht von vornherein identisch mit einem Micel sein. Bei Zellulosen und Zellulosederivaten war diese Identität bekannt. Nun wurde sie hier durch Röntgenuntersuchung auch an den wäßrigen kolloiden Lösungen der Alkalisalze höherer Fettsäuren, also an Seifen, nachgewiesen.

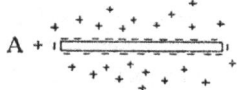

Abb. 2. Elektrische Doppelschicht.

Wie schon *Zsigmondy, Bachmann* und *MacBain* gezeigt hatten, liegen in den Zerteilungen von ölsaurem Natron in Wasser neben kleineren Anteilen von molekular gelöstem fettsauren Salz hauptsächlich Zusammenschließungen des wasserfreien neutralen fettsauren Salzes zu stäbchenförmigen Kriställchen[7]) kolloider

---

[6]) *P. A. Thiessen* und *R. Spychalski*, Z. physik. Chem. A. **156**, 435, 457 (1931).
[7]) Das ist ein charakteristischer Fall, um zu zeigen, daß Kolloide Kristallform haben können. Kolloid und kristallin sind nicht, wie das vielfach vorausgesetzt wird, Gegensätze. Kolloide Teilchen müssen nicht amorph sein.

Größe vor. *Thiessen* gibt folgendes Schema A eines solchen „Individuums": Der kristalline Kern des fettsauren Salzes ist negativ aufgeladen durch Fettsäureanionen, die durch Dissoziationen der an der Oberfläche des kristallinen Micels sitzenden Moleküle entstanden sind. Die dann abdissoziierten positiven Na-Ionen bilden als lockerer Ionenschwarm die äußere Belegung einer diffusen elektrischen Doppelschicht.

Zwei Möglichkeiten des Zusammentritts solcher Teilchen sind vorhanden, wenn aus der Lösung die zuerst klare Seifengallerte entsteht. Indem 3 A-Teilchen zu einem B-Teilchen zusammentreten, würden viele geladene Teilchen an der Peripherie und der Umgebung (durch Rückkehr von dissoziierten Ionen ins Gitter des Kristalls) verschwinden. Da jedoch die elektrolytische Leitfähigkeit bei der Bildung dieser Gallertform nicht zurückgeht, so ist die B-Form hier ausgeschlossen. Es findet vielmehr eine Zusammenlegung nach dem Schema C statt. Erst später, wenn die Gallerte trüb wird, lagern sich C-Teilchen nach der Art von B zusammen. Nun vermindert sich auch die Leitfähigkeit. —

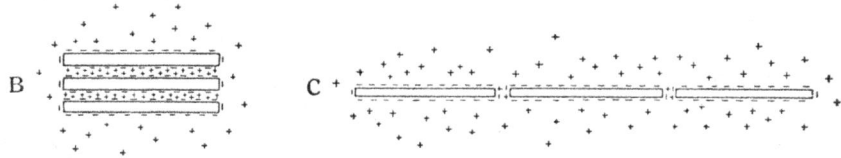

Abb. 3. Gealterte Seifenmizellen.

Der nach dem Schema B oder C erfolgende Zusammentritt sowie auch eine, durch die scheinbar einfachere Rekristallisation erfolgende Kornvergröberung und schließlich die weniger geordnete Zusammenlagerung von mehreren Primärteilchen zu einem Sekundärteilchen oder den Übergang des letzteren zu einem oberflächenärmeren Primärteilchen pflegt man als Altern des Kolloids zu bezeichnen. Unter Vermeidung der Blickrichtung auf Veränderungen im Sinne klassischer Chemie werden solche Vorgänge in einem späteren Abschnitt als Modelle für gewisse Alterungsvorgänge in den Organismen hingestellt werden. — Bei solchen Zusammenlagern wird vorher gebunden gewesenes Wasser frei. Die Synärese, d. h. die Abgabe von Wasser (und gelöst bleibenden Stoffen) aus alternder Kieselsäuregallerte oder beim Zusammenlagern der Fibrinteilchen in dem sich zusammenziehenden Blutkuchen ist auch als Adsorptionsrückgang aufgefaßt worden. Dieses letztere Wort könnte dazu führen, daß man die Abgabe des Adsorbierten als das Primäre betrachtet, und den Zusammentritt als das Sekundäre. — Ursache und Wirkung sind auch hier noch nicht ganz aufgeklärt. Die Hauptsache ist zunächst die Tatsache des Dichterwerdens und der Flüssigkeitsabgabe mit der Zeit.

Die Stäbchenform der Seifenmizelle benutzt *Seifriz*[8]) als Ausgangspunkt seiner Betrachtungen über das Protoplasma. Er macht darauf aufmerksam, daß es Seifenlösungen gibt, deren Viskosität kaum doppelt so hoch ist wie die des Wassers, und die doch eine meßbare Elastizität haben. Ihre Rigidität ist so groß, um die

[8]) *W. Seifriz*, Arch. exper. Zellforschg. **6**, 341 (1928).

Nickelteilchen (mit denen man magnetisch die Dehnbarkeit mißt) in Schwebe zu halten. Daraus folgert *Seifriz*, „daß ein Sol, das so leicht wie Wasser fließt, Geleigenschaften haben kann". — Nur solche Seifenlösungen sind dehnbar, deren Teilchen Stäbchenform haben. Indem diese sich miteinander kreuzen und locker verfilzen, schaffen sie ein elastisches Gefüge.

Nun hat sich auch Protoplasma bei der Untersuchung mit dem Mikromanipulator als dehnbar erwiesen. *Seifriz* setzt hier die Stäbchenform der Proteine in Rechnung. Er hält es für richtiger, das Protoplasma nicht als Sol, sondern als Gallerte zu bezeichnen. „Diese Struktur ermöglicht überhaupt erst den Ablauf der Lebensvorgänge. Eine lebende Emulsion — er meint damit ein System mit runden Teilchen — ist nicht vorstellbar." Es ist sehr zu beachten, daß hier eine morphologische Eigenschaft von Proteinen als gleichberechtigt neben die sonst bevorzugt beachteten chemischen Eigenschaften gestellt wird.

Auf die Mitwirkung von Seifen im Protoplasma geht *Seifriz* nicht ein. Es wird darüber noch unter den Emulsionen zu sprechen sein. Aber hier kann schon erwähnt werden, daß bei dem Fett- und Lipoidgehalt des Protoplasmas außer gewissen Proteinen auch anderen stäbchenförmigen Mizellen im Sinne der *Langmuir*-Orientierungen Bedeutung zukommt. Auch für die Dynamik. — Die langgestreckten Gebilde im mittleren Teil des Schemas von *Degkwitz*, von welchen im Abschnitt über das „Protoplasma als Emulsion" die Rede ist, haben vielleicht vor dem von *Seifriz* angenommenen Faden als Armierungsstrukturen den Vorteil, daß sie unter gewissen Bedingungen leicht zerfallen und neu entstehen. Also Reversibilität. Die Natur wird alle diese Hilfsmittel verwenden. —

Welche Stabilisierung langgestreckte Mizellen in einer wasserreichen Masse hervorzurufen vermögen, das haben *Baurmann* und *Thiessen*[9]) an Glaskörpern des Wirbeltierauges gezeigt. In dieser Gallerte kommt in einer Salzlösung physiologischer Konzentration nur etwa 0,1 % der Gesamtsubstanz als gerüstbildender Stoff in Frage. Und doch hat der Glaskörper eine beträchtliche Festigkeit. Ultramikroskopisch ließ sich zeigen, daß das Gerüst dieser Gallerte aus einem losen Netz sehr feiner dünner Fäden besteht.

Die Fadenmoleküle von Staudinger[10])

Von einer organischen Flüssigkeit, dem Styrol ($C_6H_5CH = CH_2$) war es bekannt, daß sie beim längeren Stehen in eine glasige Masse übergeht. Es handelt sich um eine Polymerisation, d. h. um eine Zusammenlagerung von zwei, dann von immer mehr Styrolmolekülen zu einem Produkt von gleichprozentiger Zusammensetzung, also einem vielfachen ihres Molekulargewichts. Das x des ($C_6H_5CH = CH_2$)x wird eine immer größere Zahl. Bei einer Zwischenstufe, die noch löslich ist, hat *Staudinger* x = ca. 6000 gefunden ...

[9]) *Baurmann* und *Thiessen*, Nachr. Ges. Wiss. Göttingen, Math.-physik. Kl. **1922**.
[10]) Das zusammenfassende Werk „Die hochmolekularen organischen Verbindungen" von *H. Staudinger* erschien (Berlin 1932), nachdem die vorhergehenden Abschnitte bereits ihre Form erhalten hatten. Um diese Form zu erhalten und um die von *Staudinger* gebotenen Tatsachen und Deutungen nicht auseinanderzureißen, wurde diese Einschaltung gemacht.

Aus der Perspektive der Kristallographen betrachtet, könnte man auch die Teilchen einer kolloiden Goldlösung als Einzelmoleküle betrachten. *Staudinger* tut das allerdings in diesem Fall nicht, sondern konstruiert einen prinzipiellen Gegensatz zwischen den beiden, worauf hier jedoch nicht näher eingegangen werden soll. Nur wegen der Bezeichnung ist es bemerkenswert, daß man nicht prinzipiell widersprechen könnte, wenn von „molekularer Verteilung" auch beim Goldsol gesprochen wird.

Während die Goldteilchen nach allen drei Dimensionen etwa gleichen Durchmesser haben, besitzen die Teilchen in den Lösungen des polymerisierten Styrols: eines Polystyrols Fadenform. Das erwähnte $(C_6H_5CH = CH_2)_{6000}$ hat 1,5 µ Länge bei nur 1,5 mµ Durchmesser. Ein Faden, 1000 mal so lang als dick. Zwischen diesem und dem Ursprungsmolekül bestehen alle Übergänge. Für die ganz großen hat *Staudinger* den von *Wo. Ostwald* vorgeschlagenen Namen „Eukolloid" angenommen. Im Mittelbezirk sind es „Hemikolloide", deren kolloide Eigenschaften noch wenig ausgeprägt sind.

Nach den höheren Gliedern hin vermindert sich die Löslichkeit und die Viskosität steigt, weil diese langen Gebilde sich gegenseitig im verfügbaren Raum stören. In gewissen Bereichen kann man aus der Viskosität direkt Schlüsse auf die durchschnittliche Länge der Fäden ziehen. Hier besteht natürlich ein Unterschied gegenüber vielen anorganischen kolloiden Lösungen, wenn deren Teilchen sich mehr der Kugelgestalt nähern. (Kugelgestalt war in den Anfängen der Kolloidchemie als eine bewußte Vereinfachung angenommen worden, um überhaupt einmal mit Überschlagsrechnungen beginnen zu können. Seitdem *Wo. Ostwald* in seinen „difformen Systemen" den faden- und plättchenförmigen Kolloiden seine Aufmerksamkeit zugewandt hat, besteht nicht mehr die Berechtigung zu dem Satz von *Staudinger:* „Die Molekülkolloide, die Kolloide im *Graham*schen Sinne und die Suspensoide und Emulsoide haben nichts Gemeinsames." Immerhin horche der Biologe auf die, auch von *Staudinger* ausgesprochene Mahnung, das wesentliche des von *Graham* aufgestellten *Systems* solle auch in der neueren Kolloidlehre weiterleben.)

Im Polystyrol, das hier als Modell des Kautschuks behandelt wird, sind noch verhältnismäßig einfache Verhältnisse vorhanden, weil die kleinsten ursprünglichen Bausteine und auch das Makromolekül homöopolar aufgebaut sind. D. h. es fehlt der ionisierte Zustand, d. h. die gegensätzliche elektrische Ladung an verschiedenen Bezirken der Teilchen, welche sich bei den heteropolaren Kolloiden finden. Deren biologisch interessanteste Vertreter sind natürlich die ionisierten Eiweiße. Der *Staudinger*-Schüler *E. Trommsdorff* liefert zu jenem Buch zwar einen Beitrag: „Die Polyacrylsäure, ein Modell des Eiweißes." Ein kleines Zitat aus dieser Arbeit möge aber den Verzicht auf ein näheres Eingehen hierauf rechtfertigen. *Trommsdorff* bekennt: „Über den Bau und die Zusammensetzung der Teilchen in einer Polyacrylsäurelösung läßt sich noch wenig sagen. Man weiß nicht, wieweit normale, wieweit koordinative Moleküle vorhanden sind. Noch viel weniger lassen sich Aussagen beim Eiweiß machen." Er bezweifelt die von Anderen gemachten Angaben über die Molekulargewichte der Eiweiße. „Die Untersuchungen von *Boehm* und *Signer* zeigen weiter, daß die Teilchen des Eiweißes ganz verschiedene Form haben. Die langgestreckten Teilchen zeigen in

Viskositätserscheinungen Beziehungen zu den Viskositätserscheinungen hochmolekularer Stoffe mit Fadenmolekülen. Daraus darf man aber nicht ohne weiteres auf einen analogen chemischen Bau, also auf das Vorliegen von Fadenmolekülen schließen, sondern nur auf eine analoge fadenförmige Gestalt der Teilchen. Denn auch die Fadenmizellen der Seifen rufen in mancher Hinsicht ähnliche Viskositätserscheinungen hervor, wie die normalen Fadenmoleküle der hochmolekularen Stoffe." — Das sagt also, wie es auch *G. Boehm* im Abschnitt über den Muskel ausführlicher darstellen wird: Nicht bei allen, sondern nur bei bestimmten Proteinen ist Fadenform vorhanden. Und wenn Fadenform vorliegt, so ist es noch fraglich, ob diese Fäden aus Einzelmolekülen (wie beim Polystyrol) bestehen.

Sehr wichtig für die Einschätzung der Bedeutung des Fadenförmigen, nebenbei auch zu der Frage, ob die vom Chemiker isolierten Stoffe noch mit den Naturstoffen verglichen werden könnten, ist der folgende Passus aus *Staudinger:* „Die Aussage, daß die hochpolymeren Verbindungen Gemische von (verschieden langen) Polymerhomologen darstellen, gilt allerdings nur für die synthetischen Polymeren (Polystyrol usw.) und die Abbauprodukte der hochmolekularen Naturprodukte. Es ist nicht ausgeschlossen, daß die Natur große Moleküle einer ganz bestimmten Länge herstellen kann. So baut möglicherweise jede Pflanze Zellulosemoleküle einer einheitlichen Größe, die sich von Zellulosemolekülen einer anderen Pflanzenart evtl. in der Länge unterscheiden können." Sucht man sie zu reinigen, so zerstört man diese Uniformität. — Sollte diese Ansicht von *Staudinger* sich auch auf andere (1-, 2- oder 3-dimensionale) Makromoleküle übertragen lassen, so könnte man Fragen wie diese aufwerfen: Sind gewisse Protoplasmaänderungen bei der Zellteilung mit der zeitweisen Ausbildung längerer Fadenmoleküle in Zusammenhang zu bringen? Treten Änderungen beim Altern ein? Und lassen sich gewisse pathologische Erscheinungen dadurch deuten, daß primär die Zellen gewissermaßen das Bestimmungsvermögen über das Molekulargewicht bestimmter Bausteine verloren haben?

Weitere Beziehungen der organischen Chemie zur Kolloidlehre

Der Vorwurf einer Einseitigkeit wäre berechtigt, wenn nicht wenigstens Stimmen aus anderen Lagern der modernen organischen Chemie kurz angehört würden. Die sehr wichtigen Feststellungen von *M. Bergmann* würden ein zu tiefes Eingehen in die klassische Chemie erfordern. Aus ihren ausgedehnten röntgenographischen Studien folgern *K. H. Meyer*[11]) und *H. Mark* folgendes:

Bei der Zellulosefaser sind folgende Baustoffe zu unterscheiden: I. Der kleinste ist ein Glukoserest. II. Davon legen sich in einer geraden Linie bis zu 100 zusammen. Diese sind durch Hauptvalenzen aneinander gebunden. Man kann solche „Hauptvalenzketten" als einen eindimensionalen Kristall auffassen. Er ist etwa 100 mal so lang wie dick. III. Etwa 50 solcher Ketten legen sich parallel neben-

---

[11]) *K. H. Meyer*, Biochem. Z. **214**, 253 (1929).

einander und bilden „ein Mizell". Sie werden durch Nebenvalenzen zusammengehalten, die auch mit *van der Waals*schen Kräften gleichgesetzt werden. Und der Kolloidchemiker konnte das auch als Adsorption bezeichnen. IV. Eine Anzahl solcher Mizellen legt sich zur eigentlichen Faser zusammen. Hier ist im ungedehnten Zustand die Parallelität nur wenig gewahrt. Sie bildet sich aber beim Dehnen der Faser aus.

Der Begriff „Molekülgröße" wird bei solch hochpolymeren Verbindungen hinfällig. Denn es wechseln sowohl die Größen von II und von III. Quellwasser verändert II nicht, sondern schiebt sich zunächst zwischen die Mizelle IV, dann zwischen die Hauptvalenzketten des Einzelmizells III.

Bei Kautschuk, Muskel und elastischem Band sind die Verhältnisse im gedehnten und ungedehnten bzw. kontrahierten Zustand ebenso wie bei Zellulose. Zertrümmert man solche Stoffe bei der Temperatur der flüssigen Luft, so entsteht Pulver aus ungedehnten, Fasern aus gedehnten. Doppelbrechung tritt erst auf oder steigt erheblich durch Dehnung. Die Röntgenuntersuchung ergibt nur beim gedehnten ein Faserdiagramm. Dehnung schafft also bessere Parallellagerung.

Solche Vorstellungen überträgt *K. H. Meyer* auch auf weniger polymere Verbindungen: Eine Aminosäure (in Form von II) ist ein nicht so starrer Faden wie bei der Zellulose. Im undissoziierten Zustand oder beim isoelektrischen Punkt als Zwitterion ziehen sich die endständigen Gruppen (CH_2 und $COOH$ bzw. CH_3^+ und COO^-) gegenseitig an und biegen das Gebilde zum Bogen. In leicht saurer oder alkalischer Lösung umlagert eine Solvatationshülle eine der endständigen Gruppen und inaktiviert ihre Anziehung. Dadurch streckt sich das Gebilde.

Da die Größe der Kräfte, welche sich bei II und III betätigen, aus anderen Untersuchungen, namentlich von *K. Fajans* bekannt sind, haben *H. Mark* und *K. H. Meyer* Reißfestigkeiten und andere Werte berechnen können, die den wirklich gemessenen für den Anfang verhältnismäßig nahekommen. Ein Versuch, die Muskelkontraktion in Beziehung zu bringen mit der Krümmung der Einzelaminosäure beim isoelektrischen Punkt, läßt den Aufschluß eines außerordentlich weiten Gebietes vermuten.

R. O. Herzog unterscheidet zwei Gruppen kolloider Lösungen von hochmolekularen Stoffen. Zu der ersten gehören *Svedbergs* homodisperse wäßrige Lösungen von Eialbumin. Auch bei molekulardisperser Verteilung sind ihre Teilchen so groß, daß sie zu den Kolloiden gerechnet werden müssen. Dagegen handelt es sich in den Lösungen der Ester und Äther der Zellulose um Mizellen. Was die Hauptvalenzketten zu Mizellen zusammenfügt, können entweder Nebenvalenz-(Koordinations-)bindungen sein oder Kohäsionskräfte (*van der Waals*sche Kräfte). *Herzog* sieht wesentliche Schwierigkeiten darin, daß diese beiden Bindungsarten noch nicht sicher unterschieden werden können. In den Lösungen tritt noch die Anziehung des Lösungsmittels durch die „Makromoleküle" hinzu. — Unter den Lösungsmitteln unterscheidet *Herzog* zwischen den „gelophoben" und den „gelophilen". Erstere zerteilen die schon im festen Gel vorgebildeten Mizellen. Die gelophilen (quellenden) aber lockern die Mizellen selbst auf und bringen sie zum Zerfall. Die Weichmachungsmittel gehören zu den letzteren. Deshalb ist eine Kunstfaser, welche letztere enthält, so viel dehnbarer als eine solche mit einem Gehalt von gelophobem Lösemittel.

Öl kann im Wasser so verteilt sein, daß es kleinste Tröpfchen darin bildet, während das Wasser die zusammenhängende Phase ist. Das extremste Gegenstück zu diesen „Öl-Wasseremulsionen" bilden die „Wasser-Ölemulsionen", in welchen das Wasser in Tröpfchenform ist. Bei wenig Öl kommt es leichter zur ersten, bei viel Öl leichter zur zweiten Form. Da nach außen hin die umhüllende Phase entscheidet, ist ihr Verhalten grundverschieden. Butter gibt auf Papier einen Fettfleck, Milch erst dann, wenn das Wasser fast verdunstet ist. Die Permeabilitätsverhältnisse sind durch die äußere, zusammenhängende Phase bestimmt. Das fettlösliche Sudan dringt in Butter ein und färbt sie; das Fett der Milchtröpfchen ist ihm nicht zugänglich. Das ist natürlich auch bei der Beurteilung histologischer Fettfärbungsmethoden zu beachten: Gewebe können ziemlich fettreich sein, ohne dies gleich durch entsprechende Anfärbung anzuzeigen.

Es wurde erwähnt, daß durch Gegenwart geringer Mengen von Alkaliseifen die Haltbarkeit der Emulsionen von Öl in Wasser durch die Ausbildung der Zwischenschicht nach *Harkins* sehr erhöht wird. Daß in den Geweben dem Lezithin eine weit größere Bedeutung für die Emulsionserhaltung zukommt als den Alkaliseifen, hat in letzter Zeit besonders *R. Degkwitz*[12]) betont. Ebenso wichtig sind dafür die Proteine. In der Kuhmilch sind es die Kaseinhüllen.

M. H. Fischer[13]) weist darauf hin, „daß unter normalen Umständen das in den Körperzellen und Flüssigkeiten nachweisbare Fett in fein zerteilter Form anwesend", also in der Öl-Wasserform ist. Überlassen wir uns für eine Weile der Führung von *Fischer* auf diesem Gebiet, obgleich eines seiner Argumente hierfür nicht zwingend erscheint. Muskel, Milz, selbst das fettreiche Hirn und Nervengewebe, so sagt er, fetten Papier nicht an, sondern nässen es. Damit kann aber doch nichts über das Protoplasma der Zellen dieser Gewebe ausgesagt sein. Mehr spricht für seine Annahme der Hinweis, daß die Fettmenge in diesen Zellen ein Viertel des Gesamtgewichts des feuchten Gewebes kaum übersteigt. Und dann der Blick auf die Genese. Bei der Synthese des Fettes innerhalb der Zelle aus Fettsäure und Glyzerin haben die Teilchen zunächst molekulare Dimensionen. Beim Wachsen werden sie die Tröpfchenform bewahren.

Bei der fettigen Degeneration der Gewebe hatte man seit *Virchow* unter dem Eindruck gestanden, daß es sich um eine effektive Erhöhung des Fettgehaltes im Protoplasma handele. (*Virchows* Vorstellung von der Umwandlung von Eiweiß in Fett.) *Fischer* räumt gründlich auf mit dieser Vorstellung, die den Histologen so plausibel schien. In Geweben, welche jeder Pathologe als „fettig degeneriert" bezeichnen würde, ließ sich häufig keine Erhöhung des Fettgehaltes über den Normalzustand nachweisen. Der Gehalt konnte sogar geringer sein. Statt der effektiven Fettzunahme wird vielmehr ein Verschmelzen der vielen kleinen Tröpfchen zu wenigen größeren angenommen. Damit werden sie der optischen Untersuchung zugänglich.

---

[12]) *R. Degkwitz*, Erg. Physiol. 32, 821 (1931).
[13]) *M. H. Fischer*, Kolloid-Z. 18, 242 (1915).

In den hydratisierten Kolloiden: den Kohlehydraten, Seifen und vorzugsweise den Proteinen erblickt *Fischer* das, was die Öl-in-Wasserform erhält. (Es möge die Mitwirkung der Lipoide für die spätere Betrachtung zurückgestellt werden.) Ohne sie speziell zu nennen, schreibt er einigen der Gifte, welche unter experimentellen oder klinischen Verhältnissen fettige Degeneration herbeiführen, eine teilweise Entwässerung der Proteine zu. Damit soll diese Schutzkolloidwirkung zurückgehen, die Größe der Fetttröpfchen zunehmen. In anderen Fällen läßt er die Giftwirkung einen Umweg machen: Primär setzt Oxydationshemmung und damit lokale Anreicherung von Säuren ein. Wie er die Säurewirkung wieder durch mehrfache Veränderungen der Proteinwirkung zu deuten versucht, das soll nicht weiter verfolgt werden. *M. Goldberg*[14]) ist diesen gleichen Weg gegangen: Wenn in einer durchspülten Niere Fett sichtbar wird, so braucht dies nicht Neubildung zu sein. Vielmehr kann Fettphanerose vorliegen, indem Eiweißkörper, welche das Fett vorher in Emulsionsform hielten, durch Peptolyse weggeschafft wurden.

M. H. Fischer erwähnt die alten Befunde von *Hauser* (1885), *F. Kraus* (1887) u. a., daß dem Körper entnommene Organe bei steriler Aufbewahrung fettig degenerieren, obgleich hier bestimmt von einer fettigen Infiltration nicht gesprochen werden kann. Auch hier ist es nur ein Gröberwerden der Fetttröpfchen, und zwar infolge postmortaler Säuerung. — Dem Abschnitt über Speicherung vorgreifend, sei hier nebenbei bemerkt: Fettige Degeneration ist lange als Fettspeicherung aufgefaßt worden. In sehr vielen Fällen ist solche aber dem nur morphologisch Eingestellten nur vorgetäuscht. Der Kolloidforscher kann dieses kaum stark genug betonen: Wenn bei der Versilberung eines Gehirnstückes nach *Cajal* die Fibrillen tief schwarz, Ganglienzellen nur gelb erscheinen, so braucht in letzteren a priori durchaus nicht weniger Silber zu sein. Ist die gleiche Menge metallischen Silbers in ziemlich grober Form vorhanden, so erscheint sie schwarz. Ist sie durch hohe Schutzkolloidwirkung des betreffenden Mediums in viel feinerer Verteilung, so kann sie fast farblos und durchsichtig sein.

Kolloidchemie der Fettgewebe und der fettigen Sekrete

Schon die älteren Analysen der physiologischen Chemiker hatten im menschlichen Fettgewebe neben 82,5 % Fett (und 2,5 % Eiweiß) 15 % Wasser nachgewiesen. Selbst Knochenmark enthält einen gewissen Wassergehalt. Hier liegt auch für *M. H. Fischer* die Emulsionsform Wasser in Öl vor, während er diese in den fettig degenerierten Zellen zu bestreiten versucht. Das Eiweiß ist in den Wassertröpfchen.

Das gleiche gilt vom Ohrenschmalz, in dem *Patrequin* durchschnittlich 28 % Fett, 11 % Wasser neben einem ungewöhnlich hohen Seifengehalt von 46 % (und 15 % anderen organischen Bestandteilen) nachwies. *Fischer* nimmt gleiches für Vernix caseosa, fettige Sekrete in Zysten, Tumoren usw. an . . .

---

[14]) *M. Goldberg*, Beitr. path. Anat. **73**, 1 (1924).

Man erinnert aus der Erhaltung des Säure-Basengleichgewichts, daß sich der Organismus oft zwei, drei und (hier) noch viel mehr Mittel bedient, um den gleichen Endzweck zu erfüllen. An solche mehrfache Sicherung kann man auch denken, wenn *Seifriz*[15]) u. a. darauf hinweisen, daß verschiedenen Proteinen oder verschiedenen Lipoiden gleiche oder noch größere Bedeutung für die Schaffung oder Stabilisierung bestimmter Emulsionsformen und für den Emulsionsumschlag zukommt. — Lezithin verhält sich in seiner Tendenz zur Bildung von Emulsionen von Öl in Wasser wie K. Es vermag sogar die *Clowes*schen Reaktionen zu hindern. Cholesterin drängt zur Form Wasser in Öl, also wie Ca.

Um nicht durch eine Fülle von Einzeldaten allzu verwirrend zu wirken, war hier eine Beschränkung vernehmlich auf K und Ca angebracht. Was kommt alles noch hinzu, wenn man die anderen Kationen und Anionen in Rechnung setzt! Und es war vom Cholesterin schlechthin die Rede, obgleich nach den Feststellungen von *Keeser* den Cholesterinestern mancherlei antagonistische Wirkungen zum freien Cholesterin zukommen. Schon bei dieser Beschränkung auf wenige Komponenten läßt sich auf Grund der Arbeiten von *Degkwitz, Dresel, Kraus, Zondek* u. a. eine biologisch sehr interessante Tabelle aufstellen:

Tab. 1

	Vagotonische	Sympathotonische
	Wirkung	
K oder Lezithin	+	
Ca oder Cholesterin		+
Öl in Wasser	+	
Wasser in Öl		+

Also schließlich Beziehungen der Emulsionsformen zu jener Zentralgewalt, vor der die meisten Physikochemiker noch vor kurzem Vogelstraußpolitik zu treiben pflegten, wenn sie an die Deutung von Lebenserscheinungen herangingen. Auch hier also wahrscheinlich mehrfache Sicherungen. Man wird sie auch in Rechnung setzen müssen bei Aufklärungsversuchen jener überraschenden Erfolge wagemutiger Chirurgen bei Nervumleitungen, vor welchen die nur morphologisch eingestellten Neurologen bisher ratlos waren.

Protoplasma als Emulsion

Seifriz hat mit Recht die große Bedeutung der fadenförmigen Moleküle und Molekülaggregate, namentlich der Proteine, für den Aufbau des Protoplasmas betont. Das Emulgiertsein der Fette und Lipoide ist jedoch nicht weniger wichtig.

---

[15]) W. *Seifritz*, Americ. J. Physiol. 66, 22 (1924).

Dadurch werden die inneren Grenzflächen und die so wichtigen Geschehnisse an ihnen vermehrt.

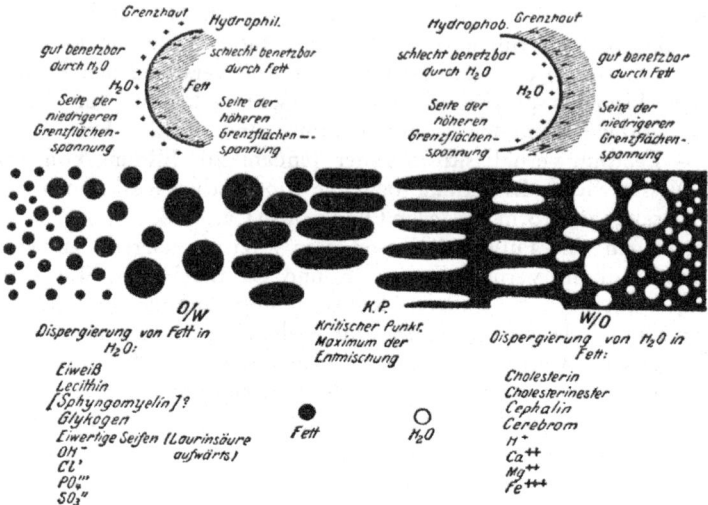

Abb. 4. Emulsionsbildner im Protoplasma nach *R. Degkwitz*.

Für die Auffassung, daß wir im Protoplasma unter physiologischen und pathologischen Umständen auch mit einem Emulsionsumschlag zu rechnen haben, setzten sich außer den genannten Forschern auch *R. Degkwitz, Waterman* u. a. ein. Jedoch blieb diese Ansicht nicht unangefochten. Für *J. Spek* ist das Protoplasma dafür zu wasserreich. Eine vermittelnde Stellung nehmen jene Forscher, z. B. *H. Freundlich* ein, welchen eine Emulsionsumkehr an der Oberfläche des Protoplasmas genügt. Das würde allein schon den Eintritt sowohl von wasserlöslichen wie von lipoidlöslichen Stoffen ins Zellinnere gestatten.

Degkwitz hat in seinen „Lipoidantagonismen" auf die gleich- und entgegengesetzt gerichteten Wirkungen hingewiesen, welche die zahlreichen Komponenten des Protoplasmas auf seine Emulsionsformen ausüben können. Sie seien wenigstens durch ein Schema angedeutet. Gleichgerichtete Ionen und Kolloide sind in die gleiche Rubrik eingetragen. Jeder Faktor der einen Rubrik tritt als Antagonist gegen jeden Faktor der andern Rubrik auf. Es ist dieses ein qualitatives Bild von den Verhältnissen, wie sie in Modellösungen bei physiologischen H-Ionenkonzentrationen beobachtet wurden. *Degkwitz* bemerkt dazu: „Eine Phasenumkehr durch Elektrolyte in physiologischen Konzentrationen allein, sowohl von der Öl-Wasser- zur Wasser-Ölemulsion als umgekehrt hervorzurufen, ist nur dann möglich, wenn die Konzentration der inneren Phase hoch (40—50% des Gesamtvolumens) und höher als die Menge des Emulgators ist. In vivo wäre eine solche Umkehr an Grenzschichten des Protoplasmas, innerplasmatischen sowohl als an den Außenschichten der Zellen, in denen sich Lipoide konzentrieren, ohne weiteres denkbar und das um so mehr, weil physiologischerweise die Elektrolytwirkungen immer durch Kolloide unterstützt werden können." (Nach den Feststellungen von *Fernbacher* ist der Umschlag auch schon bei niedrigeren Konzentrationen des tröpfchenartig Verteilten möglich.)

In einer Arbeit über die Karzinomzellen vereinigt *N. Waterman*[16]) die Theorie des Emulsionsumschlags mit jener der Fermentwirkungen: Durch intensivere Betätigung der lipatischen Fermente wird der Fett-Anteil des Protoplasmas im Verhältnis zum Protein-Wasser-Anteil vermindert. Durch Einwirkung von Röntgenstrahlen auf diese Fermente entsteht ein Stoff, der einen Emulsionsumschlag herbeizuführen vermag ...

Die Thixotropie

(Schüttelempfindlichkeit) hat in neueren Erklärungsversuchen für die wechselnde Protoplasmaviskosität ebenfalls Bedeutung erlangt. *H. Freundlich*[17]) hat gezeigt, daß Ferrum oxydatum dialysatum durch einen bestimmt dosierten Elektrolytzusatz in einen Zustand gebracht werden kann, in welchem es nicht fließt, beim Umdrehen des Glases also nicht nach unten läuft. Schüttelt man aber die Masse, so verflüssigt sie sich, um beim Ruhighalten wieder eine Art Gallertform anzunehmen. Viele andere Stoffe können ähnliches Verhalten zeigen. Auf Grund der ultramikroskopischen Untersuchungen von *E. A. Hauser*[18]) an einer Tonart (Bentonit) darf man nicht annehmen, daß im nichtflüssigen Zustand der Abstand der Teilchen ein geringerer sei oder daß sich die Teilchen z. B. zu Fäden zusammengelagert haben. *Hauser* beobachtete in diesen zusammenhängenden Massen Abstände der Teilchen, die 1 μ übertrafen. *Wo. Ostwald*[19]) hat den großen Bezirken von orientierten Wassermolekülen, die hier wohl anzunehmen sind, den Namen Lyosphären gegeben ...

Das kolloidchemische Altern

Geht man an ein biologisches Problem heran, so ist es meist nützlich, sich vorher einmal in der anorganischen Natur umzusehen, was diese auf dem Gebiet zu leisten vermag. Immer wieder erlebe ich ein Erstauntsein über die Fülle der Formbildungen, wenn Biologen meine Steine ansehen. Dabei fehlen darunter Kristalle fast ganz. Das meiste verdankt kolloiden Vorgängen seinen Ursprung. Man findet Modelle für dies und jenes in der Biologie. Das Wort „Modell" ist hier am Platz, weil es ein Beschränktsein in sich schließt. Man bleibt sich bewußt, daß die Geschehnisse, die Formbildungen im Organisierten außerordentlich viel komplizierter sind. Aber die Möglichkeit der Erklärung der einfacheren Modelle wird einmal zu weiteren Klärungen im biologischen Gebiet beitragen.

---

16) *N. Waterman*, Protoplasma 12, 112 (1931).
17) *H. Freundlich*, Kolloid-Z. 46, 289 (1926).
18) *E. A. Hauser*, Kolloid-Z. 48, 57 (1929).
19) *Wo. Ostwald*, Kolloid.Z. 46, 250 (1928).

Opal kann die Vorstufe eines großen Bergkristalls sein. Bis auf einen kleinen Wassergehalt im Opal ist er chemisch das gleiche wie jener Quarz. Im Opal ist die Kieselsäure in der Hauptsache in amorpher Form. Im Laufe geologischer Zeiten kann sie sich zum Gitter, zum Kristall ordnen.

Die Jugendform oder vielmehr die Vorstufe des Opals ist eine Kieselsäure-gallerte. Die kann zuerst so wasserreich sein, daß sie sich beim Zerreiben zwischen den Fingern fast wie Vaseline anfühlt. Und diese Gallerte entstand aus einer kolloiden Kieselsäurelösung, wie sie im Laboratoriumsversuch durch Mischen von Wasserglas und Salzsäure erhalten werden kann. Gleich nach dieser Mischung enthält diese Kieselsäure noch Wasser im Molekül. Sie vermag dann Pergament-membranen zu durchdringen; sie ist noch echt gelöst; ihre Teilchen erreichen noch nicht die Größe von kolloiden Teilchen. Allmählich geht diese $Si(OH)_4$ (Ortho-kieselsäure) in kolloide SiO_2 über. Die schreibt man besser $(SiO_2)_x$, um anzudeuten, daß viele SiO_2-Teilchen zu einem zusammengetreten sind; daß man es mit Poly-kieselsäuren zu tun hat.

Also der allmähliche Übergang der molekular verteilten Kieselsäure zur kol-loiden Lösung, von da zur Gallerte und nun in geologischen Zeiten zum Opal und Quarzkristall: Ein immer dichteres Zusammentreten der SiO_2-Teilchen. — Das ist auch ein Altern!

Die Gallertform interessiert uns am meisten. Der gesunde Menschenverstand sagt: Sie verliert Wasser durch Verdunsten und so wird sie fester. Aber Wasser-verarmung und Festerwerden kann auch eintreten, wenn die Gallerte ein zu-geschmolzenes Glasrohr ausfüllt; wenn also Wasser gar nicht verdunsten kann. Eintrocknen durch Verdunsten könnte man nicht als Altern bezeichnen; diese „Synärese" aber wohl. — Die Nichtreversibilität ist ein Wesentliches im Alterungs-begriff.

Indem die Kieselsäureteilchen dichter zusammentreten, wird ihre innere Ober-fläche verkleinert. Solche Art des Freiwerdens von Wasser hat *Freundlich* einmal als Adsorptionsrückgang bezeichnet.

Die allmähliche Verminderung des Wassergehaltes der Gewebe vom Embryo bis zum Erwachsenen ist allgemein bekannt. *Vl. Ružička*[20]) deutet ihn in seiner „Protoplasmahysteresis als Entropieerscheinung" durch das, was die Ursache der Synärese ist. Allerdings ist dieses hier schon nicht mehr allein Kolloidchemisches, sondern es kommt eigentlich Chemisches hinzu: Während der Ontogenese ver-mehren sich ständig jene Eiweißverbindungen, welche am wenigsten lösungs- und quellungsfähig sind; z. B. Keratin und Plastin. Diese Verbindungen entstehen aus Zellbestandteilen und sind in einem sehr stabilen Zustand. Mag auch Abbau erfolgen, so tritt dieser doch gegenüber der ständigen Neubildung zurück.

In seinen Altersstudien richtet *M. Bürger*[21]) seine Aufmerksamkeit hauptsäch-lich auf jene Verlagerung der gelösten Stoffe in den Geweben, die durch Diffusion erfolgt. Er macht seine Untersuchungen deshalb besonders an solchen Geweben, welche keine oder nur ganz geringe Kapillarversorgung haben und bei denen also der Antransport der Nährstoffe wie der Abtransport der Schlacken nur auf dem

---

[20]) *Vl. Ružička*, Arch. mikrosk. Anat. **101**, 459 (1924).
[21]) *M. Bürger* und *G. Schlomka*, Klin. Wschr. 7, 1944 (1928).

Diffusionswege erfolgen kann. Zu diesem „bradytrophen Gewebe" gehören der Rippenknorpel, die Linse, die Hornhaut und gewisse Wandschichten der großen Gefäße. Zunächst wird der lange bekannte Wasserverlust mit dem Altern für diese Gewebe zahlenmäßig erfaßt. Als Zweites kommt hinzu die Einlagerung von Schlackenstoffen, z. B. unlöslicher Kalksalze in den Rippenknorpel und von Cholesterin in die Hornhaut bei der Ausbildung des „Greisenbogens". Die hierfür gegebenen Kurven der Anreicherung unterscheiden sich wesentlich von denen des Wasserverlustes. Eine Verdichtung der Gewebe ist die Folge. „Die Geschwindigkeit und das Ausmaß der Diffusionsvorgänge wird natürlich mit zunehmender Verdichtung des Gewebes abnehmen, so daß hieraus allein schon relative Ernährungsstörungen für diese resultieren." Dadurch werden die Löslichkeitsbedingungen gestört. „Da aber die Löslichhaltung in den Körpersäften enthaltener schwerlöslicher Substanzen (wie gewisser Formen von Kalziumverbindungen und des Cholesterins und seiner Ester) an ganz bestimmte ‚normale' Bedingungen gebunden ist, wird durch den primären Verdichtungsprozeß sekundär die Neigung derartiger schwerlöslicher Substanzen zur Niederschlagsbildung in den alternden bradytrophen Geweben zweifellos begünstigt." Diese Niederschlagsbildungen werden dort zuerst und am stärksten einsetzen, wo diese Schlackenstoffe zuerst und in stärkster Konzentration mit dem altersverändernden Gewebe in Berührung kommen. (Es sei vermerkt, daß es sich hiernach um eine Imprägnation statt um einen mangelnden Abtransport handeln würde. Also um eine zentripetale statt der zuerst angenommenen zentrifugalen Diffusion.) Beim Vergleich der histologischen Bilder von Cornea und Rippenknorpel im jungen und alten Zustand „ist man fast geneigt, diese sekundär eintretenden Gewebsveränderungen einfach mechanisch aufzufassen als eine Art zunehmender Filterverstopfung. Deren Folge muß naturgemäß eine stärkere und schnellere Anhäufung von außen hereindiffundierenden Cholesterins gerade in den äußersten Schichten des gedachten Filters, d. h. in die gefährdeten Gewebspartien, sein."

Den gleichen Gesetzen folgt nach *Bürger* die Atheromatose der Aorta und der größeren Gefäße. Sie ist aufzufassen „als ein durch die eigene Altersgesetzlichkeit der Aortenwand bedingter Prozeß, der an sich nichts zu tun hat mit einer allgemeinen Störung des Kalk- oder Cholesterinhaushaltes. Unseres Erachtens handelt es sich dementsprechend um eine physiologische Alterserscheinung, der erst ein besonderes Ausmaß oder ein ungewöhnlich frühzeitiges Auftreten den Charakter des Krankhaften gibt". Als Stütze hierfür wird angeführt „der ganz außerordentlich gleichartige, ja fast identische Verlauf der Kurve für die Kalkeinlagerung in die alternde Aorta mit der für die Kalkeinlagerung in den menschlichen Rippenknorpel gefundenen". —

G. Embden[22]), der auch noch Fermentwirkungen in den Kreis der Betrachtung einbezieht, bleibt bei der Behandlung eines Nachbargebietes, nämlich der „Beziehungen zwischen Ermüdung und Sterben" doch in kolloidchemischem Gleise: Im lebensfrischen Muskelbrei, der mit NaF versetzt ist, kann man aus Orthophosphorsäure und Glykogen eine Synthese von Hexosephosphorsäure erhalten. Beim Aufbewahren vermindert sich die Synthese und verschwindet schließlich.

---

[22]) *G. Embden*, Klin. Wschr. 8, 913 (1929).

Die aus dem Wasser herausgenommene Forelle stirbt besonders rasch, der Karpfen wesentlich langsamer. Muskelbrei des Karpfens hat eine viel größere Synthesefähigkeit. Mit *H. Jost* wies er 1925 nach, daß die Synthesefähigkeit eines isolierten Muskels nach ermüdender Reizung geringer wird.

Trainierung vermindert die Ermüdbarkeit des Muskels und seine Absterbegeschwindigkeit. Die leicht ermüdbaren Muskeln junger Ratten verlieren rasch ihre Synthesefähigkeit. Bis zu einem gewissen Alter der Tiere steigt diese an.

Embden versuchte, „die Beherrschung des fermentativen Muskelstoffwechsels durch bestimmte Ionen auf Beeinflussung des Zustandes der Fermente oder ihrer kolloiden Begleitstoffe zurückzuführen, und dementsprechend die fortschreitende Verminderung der ional bedingten Synthesefähigkeit beim Absterben und der Ermüdung auf Zustandsänderungen an den die Ionenwirkungen vermittelnden Kolloiden". Einen Einblick in die Dynamik erhält man durch die Untersuchungen von *H. J. Deuticke*[23]): Nach Zerfrieren in flüssiger Luft nimmt die Löslichkeit gewisser Muskelproteine bei bestimmten pH-Werten beim Altern ab. Verminderung der Synthesefähigkeit geht diesem parallel. Es bestätigt sich auch hier, „daß bei der Ermüdung und beim Absterben Wandlungen im Feinbau der Kolloide eintreten, die für den Ablauf der vitalen Prozesse von entscheidender Bedeutung sind". „Ermüdung und Absterben sind wesensgleiche Vorgänge." Wahrscheinlich ist gleiche Abhängigkeit vom Kolloidzustand auch vorhanden bei den anderen Synthesen (Adenosinphosphorsäure, Phosphorkreatin) im tätigen Muskel. „Vielleicht treten die gleichen Kolloidveränderungen als rasch reversible Prozesse bei jeder einzelnen Zuckung auf."

---

[23]) *H. J. Deuticke* und *J. Hensey*, Pflügers Arch. **224**, 1, 44 (1930).

Grundlagen der Kolloidik

Aladar von Buzágh [*]

Vor etwa 20 Jahren ist das bekannte Buch „Die Welt der vernachlässigten Dimensionen" von *Wolfgang Ostwald* [1]) erschienen. „Vernachlässigte Dimensionen" — so hat *Wolfgang Ostwald* die Kolloide seinerzeit apostrophiert, als die besonderen Erscheinungen dieser Dimensionen noch fremdartig wirkten und mit den Prinzipien der ihre Glanzperiode erlebenden physikalischen Chemie noch nicht vereinbart werden konnten. Zwei Jahrzehnte sind nicht viel in der Geschichte einer Wissenschaft. Insbesondere, wenn die Wissenschaft mit Vorurteilen und mit dem Zeitgeist zu kämpfen hat. Denn — wie bekannt — haben auch die Naturwissenschaften einen Zeitgeist, eine Mode, die nicht immer von dem Streben nach Erkenntnis der Natur diktiert wird und nicht immer einem gemeinschaftlichen Interesse dient.

Es ist kein Zufall, es ist aber auch nicht irgendwelchem erkünstelten Zwang zuzuschreiben, daß innerhalb zweier kurzer Jahrzehnte aus der „Welt der vernachlässigten Dimensionen" die Welt der *„nicht zu vernachlässigenden Dimensionen"* geworden ist.

In der *Kolloidik* [2]) bestätigt sich wie wohl kaum in einer anderen Wissenschaft so ausgeprägt die Wahrheit, daß unsere Kenntnisse sehr wenig gefördert werden, wenn man in Verbindung mit neuen Tatsachen auf Kosten ausgereifter Theorien gewaltsam neue Theorien schaffen will und sich vor der Zeit in zu weitreichende Verallgemeinerungen einläßt. Anderseits ist verständlich, daß sich neue Erscheinungen nur dann in vollem Ausmaß erfassen lassen, wenn man sie nicht mit aller Gewalt in den Rahmen der bisherigen Kenntnisse hineinzuzwängen versucht.

Theorien sind gut, wenn sie zur Erkenntnis neuer Gesetzlichkeiten führen und die Auffindung der Zusammenhänge zwischen den Erscheinungen ermöglichen. Wir müssen aber stets damit rechnen, daß die Theorien und Prinzipien auch falsch sein können. Die Ergebnisse der sorgfältig ausgeführten Experimente sind dagegen zeit- und wertbeständig. Nur ein deratrtiges, von Dogmen freies Forschungsprinzip kann wirklich fruchtbar und erfolgreich sein.

Dieses Prinzip hielt ich mir vor Augen, als ich in der vorliegenden Schrift eine kurze Übersicht über die wichtigsten Forschungseinrichtungen und Prinzipien der neueren Kolloidik zu geben versuchte. Ich hatte keineswegs die Absicht, mit dieser Schrift ein Kompendium der Kolloidik zusammenzustellen oder einige ausgewählte

---

[*]) Aus: *Aladar von Buzágh* (1895—1961), Kolloidik (Dresden und Leipzig 1936).
[1]) *Wo. Ostwald*, Die Welt der vernachlässigten Dimensionen, 9. u. 10. Aufl. (Dresden und Leipzig 1927).
[2]) Das Wort *„Kolloidik"* stammt von *K. Spiro;* es ist ein Sammelname für Kolloidchemie und Kolloidphysik.

Kapitel daraus ausführlicher zu behandeln. Sie soll auch nicht als Propagandaschrift für die Kolloidik dienen; so etwas hat die Kolloidik heutzutage nicht mehr nötig. Vor ein paar Jahrzehnten war wohl die Begeisterung des Kolloidchemikers begreiflich, wenn er über die Bedeutung der Kolloidlehre in der Wissenschaft und in der Praxis, über ihre engen Beziehungen zu anderen Disziplinen, zur Biologie, Physiologie, Technik, Geologie, der kosmischen Physik usw. sprach und entzückt hervorhob, daß sich Lebenserscheinungen nur an kolliden Systemen äußern können, daß die Mehrzahl unserer Lebens- und Genußmittel, Kleider usw. Kolloide sind, daß man überall Kolloide sieht, wohin man schaut.

Eine solche propagandistische Schrift würde heutzutage — wenigstens unter Kolloidchemikern — gewiß grotesk wirken. Nicht darum, weil sich etwa die an die Kolloidlehre geknüpften Hoffnungen nur als eitle Schwärmereien erwiesen hätten, sondern darum, weil jeder Kolloidchemiker weiß, daß die Kolloidik zwangsläufig eine für jede naturwissenschaftliche Disziplin unentbehrliche, populäre Wissenschaft geworden ist. *Es ist damit nicht zuviel gesagt, und es setzt niemand seinen wissenschaftlichen Kredit aufs Spiel mit der Behauptung, daß seit Begründung der physikalischen Chemie noch keine andere Disziplin entstanden ist, die eine so vielseitige Anwendbarkeit und so große Unentbehrlichkeit aufweisen könnte, wie die Kolloidik.* Die Kolloidik hat das Kindesalter schon hinter sich. Jetzt ist die Zeit der objektiven Kritik gekommen ...

Es ist ebenso verfehlt, wenn der Physikochemiker die Daseinsberechtigung der Kolloidik bezweifelt, ihre Bestrebungen und Ziele nicht anerkennt und der Meinung ist, daß auf die Kolloiderscheinung die klassischen Gesetze und Regeln der physikalischen Chemie ohne weiteres anwendbar seien und daß sich einer Erklärung der Kolloiderscheinungen aus der Atomistik automatisch ergäbe, wie es verfehlt ist, wenn die Kolloidik als etwa eine von der reinen Chemie und Physik ganz isolierte, nur mit „Eigengesetzlichkeiten" operierende Wissenschaft betrachtet wird. — Die Kolloidik ist heute ein enorm ausgedehntes und ein an Eigengesetzlichkeiten tatsächlich sehr reiches Kapitel der physikalischen Chemie mit wohldefiniertem Programm und Ziel. Dieses Programm kann man aber nur mit dem Bewußtsein verwirklichen, daß ohne Kenntnis der reinen Chemie und Physik sich nicht beurteilen läßt, wo man wirklich solche Eigenschaften der Kolloide vor sich hat, bei denen die klassischen Prinzipien der physikalischen Chemie nicht ausreichen ...

Die Grundlagen der modernen Kolloidik.

Kaum eine andere Wissenschaft hat eine so mannigfaltige Wandlung und so rapide Entwicklung erfahren, wie die Kolloidlehre seit ihrer Begründung durch *Thomas Graham. Graham* prägte den Namen „Kolloid" und gab dafür eine Definition auf Grund seiner Studien über Diffusion. Durch die Bezeichnung „Kolloid" wollte er ausdrücken, daß es Stoffe gibt, die sich hinsichtlich der Diffusionsfähigkeit dem Leim (Kolla) ähnlich verhalten, da sie — im Gegensatz zu den kristallisierbaren Stoffen — nicht imstande sind, Membranen zu durchdringen bzw. ihnen diese Fähigkeit nur in sehr geringem Maße eigen ist. *Graham* selbst hat es nicht direkt ausgesprochen, daß nur eine gewisse Gruppe von Stoffen sich dem Leim ähnlich verhält, daß also nur ganz bestimmte Stoffe als Kolloide zu bezeichnen seien — nach ihm hat sich aber diese Anschauung aus unerklärlichen Gründen allgemein verbreitet. Dies ist um so verwunderlicher, als bereits vor *Graham* in den Schriften von *Berzelius, Selmi, Sobrero, Frankenheim*[3]), u. a. Andeutungen zu finden sind, die darauf schließen lassen, daß die Erscheinungen und Eigenschaften, die dem Leim und ähnlichen Stoffen eigentümlich sind, in gewisser Hinsicht bereits schon früher und auch bei kristallisierbaren Substanzen bekannt gewesen sind.

Unmittelbar nach *Graham* war die kolloidchemische Forschung hauptsächlich darauf gerichtet, neue „kolloide Stoffe" aufzufinden, wenn es auch bereits damals gelang, eine ganze Anzahl von Stoffen, die man als typische Kristalloide betrachtete, in den kolloiden Zustand überzuführen. Bis zum Jahre 1891 wird in den kolloid-chemischen Arbeiten kaum die Frage aufgeworfen nach dem Wesen und den Eigengesetzlichkeiten der Kolloide, wie sie z. B. im Gegensatz zu denen der „kristalloiden Lösungen" auftreten. Eine neue Periode in der Entwicklung der Kolloid-lehre beginnt erst mit dem Jahre 1891, als *C. Barus* und *E. A. Schneider*[4]), gestützt auf experimentelle Grundlagen, die Ansicht aussprachen, daß bei den im kolloiden Zustande befindlichen Stoffen nicht allotrope Modifikationen vorliegen, wie dies von *Graham* angenommen wurde, sondern daß diese aus äußerst fein zerteilten Partikelchen des normalen Stoffes bestehen und somit den Suspensionen fester Pulver nahestehen. Dieser Anschauung widersprachen vor allem *H. Picton* und *S. E. Linder*[5]). An Hand einer Reihe von Experimenten an Arsentrisulfidlösungen erweiterten diese Autoren die *Graham*sche Ansicht insofern, als sie einen stetigen Übergang zwischen „echten" und kolloiden Lösungen betonten. So begann eine der bedeutsamsten und lebhaftesten Debatten in der Geschichte der Kolloidlehre.

Auf der einen Seite vertraten die „Heterogenitätstheorie" des kolloiden Zu-standes im Sinne *Barus'* und *Schneiders* besonders *G. Bredig, K. Stoeckl, L. Vanino, A. Coehn* u. a. Dagegen betonte die andere Partei, daß kolloide Lösungen im Gegensatz zu den feinen Niederschlägen, also „mechanischen Zerteilungen", „echte Lösungen" von außerordentlich großem Molekulargewicht seien. *H. Picton* und *Linder, H. Schulze, Grimaux, G. Bruni, N. Nappadà, P. D. Zacharias* und vor allen Dingen *R. Zsigmondy* (von 1898 bis 1903) waren die namhaftesten Vertreter dieser zweiten, der sog. „Lösungstheorie" des kolloiden Zustandes. Auf der einen Seite wiesen die Vertreter der „Suspensionstheorie" darauf hin, daß sich die Kolloidlösungen in optischer, elektrischer usw. Beziehung wie Suspensionen und Emulsionen verhalten. Nicht wenige mögen dem bloßen Auge klar erscheinen, aber oft sind die Kolloidlösungen trüb bis völlig undurchsichtig wie Suspensionen. Umgekehrt zeigen auch die Suspensionen und Emulsionen die Erscheinungen der Koagulation wie die Kolloidlösungen. Demgegenüber betonten die Anhänger der Lösungstheorie, daß auch viele kristallisierbare Stoffe in gelöstem Zustande die

[3]) Über die geschichtliche Entwicklung der Kolloidlehre siehe insbesondere *Wo. Ostwald*, Grundriß der Kolloidchemie. 1. Aufl. (Dresden und Leipzig 1909). — *P. P. von Weimarn*, Die Allgemeinheit des Kolloidzustandes. (Dresden und Leipzig 1925).
[4]) *C. Barus* und *E. A. Schneider*, Z. physik. Chem. 8, 278 (1891).
[5]) *S. E. Linder* und *H. Picton*, J. Chem. Soc. Lond. 61, 161 (1892).

Tyndall-Trübung zeigen und ebenso langsam diffundieren wie die *kolloidgelösten Stoffe*.

Beide Richtungen konnten also Gründe anführen, die für die Richtigkeit ihrer Theorie sprachen; eine Entscheidung darüber, ob denn nun die Kolloidlösungen den „echten Lösungen", d. h. den homogenen Systemen, oder den mechanischen Suspensionen, d. h. den heterogenen Systemen zuzuordnen sind, schien jedoch nicht möglich.

Eine Wendung brachte erst das erste Jahrzehnt des laufenden Jahrhunderts. Zwei klassische Ereignisse haben in diesem Zeitraum stattgefunden, die den Ausgangspunkt bildeten für die moderne Kolloidik:

Im Jahre 1903 erfanden *R. Zsigmondy* und *H. Siedentopf*[6]) das Ultramikroskop, wodurch sie die Grenze der Sichtbarkeit von etwa 500 mμ bis auf einige mμ erweiterten.

Die Ultramikroskopie hat zu drei grundlegenden, für sämtliche Naturwissenschaften bedeutungsvollen Erkenntnissen geführt: 1. Es wurde bestätigt, daß die kolloiden Lösungen heterogene Systeme sind, in dem Sinne namentlich, daß sie zusammenhanglose Teilchen in einem Medium enthalten, die zwar mikroskopisch unsichtbar, unter dem Ultramikroskop aber wahrnehmbar sind. Die Größe dieser Teilchen ist kleiner als 10^{-5} cm und größer als 10^{-7} cm. 2. Die Ultramikroskopie hat die ersten unmittelbaren experimentellen Beweise dafür geliefert, daß die kinetische Gastheorie mit ihren sämtlichen Folgerungen richtig ist, daß die Moleküle also wahrhafte Realitäten sind. Die *Brown*sche Bewegung der sichtbaren Teilchen erwies sich ja als nichts anderes als thermische Bewegung, die denselben Gesetzen gehorcht, wie sie sich aus der kinetischen Gastheorie ergeben. Die Kolloidteilchen verhalten sich wie zusammenhanglose Moleküle: sie diffundieren und entfalten einen osmotischen Druck (*Einstein*[7]), *Smoluchowski*[8]), *Perrin*[9]), *Svedberg*[10])). 3. Das *Boltzmann-Maxwell*sche Gesetz der Energieverteilung hat eine experimentelle Bestätigung erhalten[11]). Der zweite Hauptsatz der Wärmelehre ist nur als ein Grenzsatz zu betrachten: der Verlauf eines Vorganges unter Abnahme der freien Energie bzw. Zunahme der Entropie ist nur ein wahrscheinlicher, und zwar nur dann, wenn man nicht das Verhalten der einzelnen Individuen (Moleküle) sondern das einer sehr großen Anzahl von Molekülen ins Auge faßt. Bei einer kleinen Zahl von Individuen (Molekülen) in einem kleinen Raum können dagegen unaufhörlich

---

[6]) *R. Zsigmondy* und *H. Siedentopf*, Ann. Physik (4) **10**, 1 (1903).

[7]) *A. Einstein*, Ann. Physik (4) **17**, 549 (1905); **19**, 371 (1906); Z. Elektrochem. **13**, 41 (1907); **14**, 235 (1908).

[8]) *M. v. Smoluchowski*, Ann. Physik (4) **21**, 756 (1906).

[9]) *J. Perrin*, C. r. Soc. Biol. Paris **146**, 967 (1908); **147**, 530, 594 (1908); **152**, 1380 (1911); Ann. Chim. et Physique (8) **18**, 5 (1909); Z. physik. Chem. **87**, 366 (1914). — *Perrin-Lottermoser*, Die Atome. (Dresden und Leipzig 1914).

[10]) *The Svedberg*, Z. Elektrochem. **12**, 853, 909 (1906). — Die Existenz der Moleküle. (Leipzig 1912).

[11]) Vgl. *M. v. Smoluchowski*, Sitzber. Akad. Wiss. Wien, Math.-naturwiss. Kl. II **123**, 2381 (1914); **124**, 263, 339 (1915); Physik. Z. **16**, 321 (1915); **17**, 557 (1916); Bull. Acad. Cracov **1915**, 164. — *The Svedberg* **59**, 451 (1907). — *Mieses*, Wahrscheinlichkeit, Statistik und Wahrheit. (Wien 1928).

Vorgänge eintreten, die im Widerspruch mit diesem Satz stehen, indem sie mit einer Zunahme der freien Energie verbunden sind.

Das zweite klassische Ereignis in der Entwicklung der Kolloidlehre in den Anfangsjahren dieses Jahrhunderts war die Einführung des Begriffes des dispersen Zustandes der Materie und damit in Zusammenhang die Erkenntnis von der *Allgemeinheit des Kolloidzustandes.* Gleichzeitig (1906) konnte *Wolfgang Ost-wald*[12]) auf deduktive Weise und *P. P. v. Weimarn*[13]) auf induktive Weise zeigen, daß der kolloide Zustand ein Einzelfall des sog. dispersen Zustandes und damit ein allgemein möglicher Zustand der Materie ist, daß man also theoretisch jeden beliebigen Stoff in den kolloiden Zustand versetzen kann.

Auf Grund folgender experimenteller Tatsachen: 1. daß die Existenz der Moleküle eine Realität ist, 2. daß die Kolloidlösungen ebenso wie die mechanische Suspensionen disperse Systeme darstellen, weil sie beide diskrete Teilchen enthalten, 3. daß es keine scharfen Grenzen zwischen mechanischen Suspensionen, kolloiden und „echten" Lösungen gibt, hat *Wolfgang Ostwald*[14]) den klassischen Lehrsatz ausgesprochen, daß es in Hinblick auf diese drei Arten von Stoffsystemen keinen Sinn hat, von homogenen und heterogenen als allein für sich bestehenden Systemen zu sprechen, zwischen denen es keine Brücke gibt, sondern daß „es viel zweckmäßiger und fruchtbarer ist, mechanische Suspensionen, Kolloide und molekulare Lösungen unter einem einheitlichen Gesichtspunkt zu betrachten, ihre Gemeinsamkeit hervorzuheben und erst von diesen gemeinsamen Eigenschaften aus ihre speziellen Eigentümlichkeiten zu beschreiben".

Das Gemeinsame der mechanischen Suspensionen, der kolloiden und „echten" oder „molekularen" Lösungen ist die *disperse Struktur* oder der *disperse Zustand.* Unter disperser Struktur ist zu verstehen, daß sich die Eigenschaften eines Gebildes entlang einer Geraden periodisch im Raume ändern. In allen drei genannten Gebilden ist die disperse Struktur dadurch bedingt, daß in ihnen mindestens ein Bestandteil, der sog. *disperse Anteil* in eine große Anzahl von *Teilchen zerteilt* ist und daß diese Teilchen in einem zusammenhängenden Medium, dem sog. *Dispersionsmittel,* diskret verteilt sind. Mechanische Suspensionen, kolloide Lösungen und echte oder molekulare Lösungen können daher unter dem Begriff der *dispersen Systeme* zusammengefaßt werden.

Der Unterschied zwischen den genannten drei Arten von dispersen Systemen besteht in dem Grade der periodischen Änderungen, welche die Eigenschaften entlang einer Geraden im Raume erfahren. Bei den mechanischen Suspensionen ist die Periodizität der Eigenschaften makroskopisch oder mikroskopisch, bei den Kolloiden ultramikroskopisch wahrnehmbar; bei den echten oder molekularen Lösungen ist die Periodizität durch die Existenz der Moleküle bzw. der Atome bedingt. Der Grad der Periodizität, der sog. *Dispersitätsgrad,* nimmt also zu, wenn wir von mechanischen Suspensionen (*grobdispersen Systemen* über die Kolloid-

---

12) *Wo. Ostwald,* Kolloid-Z. 1, 291 (1907).
13) *P. P. v. Weimarn,* Kolloid-Z. 2, 76 (1907).
14) *Wo. Ostwald,* Die Welt der vernachlässigten Dimensionen, 9.—10. Aufl. (Dresden und Leipzig 1927), S. 14.

lösungen (*kolloiddispersen* Systeme) zu den „molekularen Lösungen" (*molekular-* oder *hochdispersen Systemen*) kommen.

Es wurde somit erkannt, daß die Kolloidlösungen eine Mittelstellung zwischen den grobdispersen und molekulardispersen Systemen einnehmen und sich von denen nur in dem Dispersitätsgrade unterscheiden. Das folgende Schema gibt diesem Grundgedanken von *Wo. Ostwald* Ausdruck:

Disperse Systeme:

Grobdisperse Systeme   Kolloide   Hochdisperse Systeme

Zunehmender Dispersitätsgrad.

———————————————————————————➤

Es ergibt sich zwangsläufig die bedeutungsvolle Konsequenz, daß — wenn die Kolloide in der Tat nichts anderes sind als disperse Systeme eines mittleren Dispersitätsgrades jeder beliebige Stoff in kolloiden Zustand zu versetzen sein muß. Es war eines der glänzendsten experimentellen Ergebnisse der Kolloidforschung, als der russische Forscher *P. P. v. Weimarn* [15]) an Hand eines umfangreichen Tatsachenmaterials beweisen konnte, daß jeder Stoff in verschiedenem dispersen Zustande und somit auch in kolloiddispersem Zustande auftreten kann. Es ist diesem Forscher gelungen, bis zum Jahre 1906 mehr als 100 solche Stoffe in kolloiden Zustand zu bringen, die vorher im Gegensatz zu den Kolloiden als Prototype der „Kristalloide" betrachtet wurden. Damit wurde der Lehrsatz experimentell begründet, daß *„der kolloide Zustand ein allgemein möglicher Zustand der Materie ist"* und daß man *„die Lehre von den Kolloiden nicht als eine Lehre von einer besonderen Welt von Stoffen, sondern als eine Lehre von einem nicht weniger allgemeinen Zustande der Materie als die gewöhnlichen Aggregatzustände — gasförmig, flüssig, fest — aufzufassen hat"* (*P. P. v. Weimarn* 1906).

Auf Grund des theoretischen und experimentellen Ergebnisses, daß Serien disperser Systeme von jedem beliebigen Dispersitätsgrade existieren, erscheint es zunächst als vollkommen willkürlich, bei welchen Werten des Dispersitätsgrades wir die Trennungslinie zwischen den drei Gruppen von dispersen Systemen ziehen, weil weder der Dispersitätsgrad noch andere Eigenschaften zwischen grobdispersen und kolloiddispersen oder zwischen kolloiddispersen und hochdispersen Systemen sich sprunghaft ändern. Es stellt in der Tat das kolloide Gebiet nur ein aus praktischen Gründen abgegrenztes Gebiet der dispersen Systeme dar. Dabei hat sich als zweckmäßig erwiesen, das Dispersitätsgebiet der kolloiddispersen Systeme durch die Grenzwellenlänge des sichtbaren Lichtes einerseits und die molekularen Dimensionen andererseits zu begrenzen. Die Wellenlänge des sichtbaren Lichtes beträgt etwa 500 mμ. Die Dimensionen typischer Moleküle schwanken etwa zwischen ein Zehnmillionstel und einem Millionstel Millimeter (0,1 und 1 mμ). Mit diesen zwei Zahlenwerten linearer Ausdehnung, der Größe der Lichtwellenlänge und der Größe der typischen Moleküle, wird ein autonomes Gebiet aus dem

———————

[15]) Vgl. *P. P. v. Weimarn*, Die Allgemeinheit des kolloiden Zustandes. (Dresden und Leipzig 1925).

Kontinuum der stereometrischen Dimensionen abgegrenzt, das als das *Gebiet der kolloiden Dimensionen* bezeichnet wird.

Es sei aber nochmals betont, daß diese Einteilung willkürlich aus Zweckmäßigkeitsgründen erfolgte, denn grobdisperse Systeme, Kolloide und molekulardisperse Systeme stellen zusammen eine kontinuierliche Reihe von dispersen Systemen dar, in der „es alle Übergangssysteme sowohl zwischen Kolloiden und groben Dispersionen als auch zwischen Kolloiden und molekulardispersen Lösungen" gibt *(Wo. Ostwald)* ...

Schlußwort

Zum Schluß sei hier noch eine prinzipielle Frage besprochen, die von verschiedenen Kreisen verschieden beantwortet wird und über die insbesondere manche Physikochemiker ganz anderer Meinung sind als die Mehrzahl der Kolloidiker. Man hört nämlich nicht selten die Ansicht äußern, daß die Kolloide nicht definierbar und nicht reproduzierbare Systeme seien und daß diese Undefinierbarkeit einen an eine exakte Denkweise gewöhnten Forscher sehr leicht mißmutig mache. Nicht selten hört man ferner, daß die Denkweise der Kolloidchemiker sehr viel an Exaktheit zu wünschen übrig lasse und daß die ganze Kolloidik ein mit vielen Fehlschlüssen belasteter Abschnitt der physikalischen Chemie sei, insofern als die Kolloidlehre unglücklicherweise vorzeitig ausgebaut wurde, ehe die exakte physikalische Chemie die als Eigengesetzlichkeiten angesprochenen Eigenschaften kolloider Systeme in natürlicher Entwicklung gewissermaßen automatisch erfassen konnte.

Es ist aber doch wohl recht einseitig, wenn man die Kolloide nur darum, weil für die Kolloiderscheinungen nicht alle klassischen Gesetze der physikalischen Chemie stimmen wollen, als undefiierbare Systeme betrachten wollte. Denn es kommt letzten Endes darauf an, was man darunter versteht, wenn man die Kolloide als undefinierbare Systeme bezeichnet. Ein Chemiker versteht wohl darunter, daß der Kolloidzustand nicht durch bestimmte Funktionen ausdrückbar ist und die Kolloidsysteme nicht reproduzierbare Systeme sind.

Der Tatsache, daß eine funktionelle Darstellung des Kolloidzustandes etwa so wie bei den idealen Gasen zur Zeit nicht möglich ist, sei unwidersprochen. Man kann nun aber auch den Zustand der *realen* Gase nur annäherungsweise funktionell darstellen und theoretisch ableiten; vielfach ist man bereits bei den realen Gasen auf Empirie angewiesen. Bei kolloiden Systemen hat man noch dazu eine wesentlich kompliziertere Situation vor sich, insofern als man bei kolloiden Systemen mit unvergleichlich viel mehr Variablen zu rechnen hat. Es läßt sich aber nicht leugnen, daß es der Kolloidforschung gelungen ist, eine große Anzahl der maßgebenden Variablen zu erkennen und auch festzustellen, daß zwischen diesen Variablen enge Beziehungen bestehen. Diese Feststellungen sind zweifellos der Empirie zu verdanken, und es ist nicht zu bezweifeln, daß die weitere Entwicklung ebenfalls nur von „exakten" Experimenten aus zu erwarten ist.

Schwerwiegender erscheint der Vorwurf, daß die Kolloide nicht reproduzierbare Systeme seien. Es ist wahr, daß es einem Chemiker, der an die Systeme der klassischen Chemie gewähnt ist, ungewohnt und fremdartig vorkommen muß, wenn er bei Kolloiden unter „anscheinend" gleichen Versuchsbedingungen zu verschiedenen Ergebnissen gelangt, während doch alle Eigenschaften von gleichtemperierten Kochsalzlösungen zum Beispiel gleich sind. Wenn er bei letzteren Abweichungen und Schwankungen findet, so führt er diese ohne weiteres auf Versuchsfehler oder auf „Verunreinigungen" zurück, da er von der Annahme ausgeht, daß unter gleichen Bedingungen die Eigenschaften der Systeme gleich sind, vorausgesetzt, daß sie aus gleichen „Molekülen" aufgebaut sind, wobei unter „Molekülen" individualitätsfreie materielle Einheiten verstanden werden.

Genau genommen trifft nun aber diese Auffassung nirgends zu, denn in Wirklichkeit sind sämtliche Körpersysteme und alle ihre Eigenschaften statistischen Schwankungen unterworfen. Auch die „homogenen" Systeme sind nicht frei von solchen Schwankungen. Allerdings sind die Gesetzmäßigkeiten, die von der klassischen Chemie aufgefunden wurden, auch ohne Berücksichtigung der Zustandsschwankungen erkennbar. Mit der üblichen Versuchsmethodik erfaßt man ja bei den Systemen der klassischen Chemie nur „Massenerscheinungen", nicht aber die „Individualitäten", d. h. nicht die Abweichungen von den wahrscheinlichsten Werten. Und es bedeutete eine gewisse Bequemlichkeit, daß man die auf Grund dieser „glücklichen" Relation zwischen Methodik und gemessenen Eigenschaften erkannten Gesetzlichkeiten als exakte Ergebnisse betrachten konnte.

Demgegenüber erkennt der Kolloidchemiker bei der Untersuchung seiner Systeme mittels der üblichen Methodik auf Schritt und Tritt Individualitäten. Jedes Sol und jedes Kolloidsystem erscheint als einmaliges Individuum; individuell sind seine sämtlichen Eigenschaften und seine Veränderungen, individuell ist sein ganzes Leben. In dieser Beziehung stehen die Kolloide wirklich nicht weit von der Welt des Lebendigen. Beobachtet man ein Sol unter dem Ultramikroskop, so würde man aus einer kurzen Beobachtung der launenhaft erscheinenden *Brown*schen Bewegung kaum darauf schließen können, daß diese Erscheinung von strengen Gesetzlichkeiten beherrscht wird, die man auch mathematisch formulieren und im voraus berechnen kann. Auf Grund der statistischen Mechanik lassen sich diese Gesetzlichkeiten erfassen, wie die klassischen Arbeiten von *Smoluchowski*, *Perrin* und *Svedberg* zeigen. Das gilt nicht nur für die *Brown*sche Bewegung, sondern auch für andere Eigenschaften der Kolloide. Freilich braucht auch der Kolloidchemiker sich nicht immer der statistischen Mechanik zu bedienen, um allgemein gültige Gesetzlichkeiten und Regeln feststellen zu können. In vielen Fällen genügt es, die Methodik entsprechend zu wählen, in der Erwägung, daß nicht immer die „empfindlichsten Methoden zur schnellen und richtigen Erkenntnis der Gesetzlichkeiten führen".

Denn es ist leicht einzusehen, daß man die Gesetzlichkeiten derjenigen Erscheinungen am leichtesten erkennen kann, die zu der Versuchsmethodik im günstigsten Verhältnis stehen. Die Bedeutung der Kommensurabilität zwischen Versuchsmethodik und der zu suchenden Gesetzlichkeit erkennt man aus folgendem Gedankenexperiment: Stellen wir uns vor, daß wir selbst Gasmoleküle wären und in dem Gasraume ebenso hin- und herfliegen würden, wie dies die Gasmoleküle nach der kinetischen Wärmelehre tun, dann würden wir die Gasgesetze nur mit großer Mühe erkennen können, weil wir dann ständig die Begegnung mit unseren

Molekülgenossen notieren, d. h. eine Statistik von unserer Mechanik aufstellen müßten. Wir würden dann genau so verfahren müssen wie *v. Smoluchowski, Perrin* und *Svedberg* bei der Feststellung der Gesetze der *Brown*schen Bewegung verfahren sind. Von *Boyle, Mariotte* und *Gay-Lussac* wurden die Gasgesetze als Massenerscheinungen erkannt. In der *Brown*schen Bewegung sehen wir die Individualitäten dieser Erscheinungen. Und gerade die Tatsache, daß die Statistik der *Brown*schen Bewegung zu den gleichen Gesetzlichkeiten geführt hat, wie sie sich bei den Gasen als Massenerscheinungen äußern, erlaubt uns einen tieferen Einblick in den Mechanismus der unsichtbaren Welt der Moleküle.

Man könnte ohne Schwierigkeiten an Hand einer großen Anzahl von Eigenschaften zeigen, daß die kolloiden Diskontinuitäten auch in erkenntnistheoretischer Hinsicht eine gesonderte Stellung zwischen den diskreten oder analytischen und den makroskopischen oder groben Diskontinuitäten einnehmen. Bei den groben Diskontinuitäten können wir im allgemeinen nur Individualitäten unmittelbar wahrnehmen, wobei die Erkenntnis der allgemeineren Gesetzlichkeiten in der Regel langwierige und mühevolle Beobachtungen erfordert. Dagegen können wir von der Welt der diskreten Diskontinuitäten — infolge der relativen Unvollkommenheit unserer Beobachtungsmethodik — nur Massenwirkungen feststellen, die individuellen Schwankungen bleiben uns jedoch verborgen. Darauf ist es zum Teil zurückzuführen, daß man angenommen hat, unterhalb gewisser Dimensionen hörten Individualität und Schwankungen auf.

Auch in dieser Hinsicht nehmen nun die Kolloide eine Mittelstellung zwischen den groben und diskreten Diskontinuitäten ein. Bei den Kolloiden können wir mit unseren üblichen Methoden sehr leicht Individualitäten, Schwankungen der Eigenschaften, wahrnehmen, aber wir können bei ihnen ohne besondere Schwierigkeiten auch allgemein gültige Gesetzlichkeiten feststellen, weil die Kolloide im allgemeinen leicht zugängliche Systeme sind, und ihre Änderungen sowohl räumlich wie zeitlich bequem verfolgt werden können.

Diese leicht wahrnehmbare Individualität der Kolloide ist es, die Kolloide häufig als nicht reproduzierbare oder wenigstens als nicht hinreichend reproduzierbare Systeme betrachten läßt, weil eben immer wieder vergessen wird, daß die „Reproduzierbarkeit" nur ein relativer Begriff ist, und daß der Anschein der Reproduzierbarkeit vielfach durch ein entsprechendes Verhältnis von Meßmethodik und untersuchter Erscheinung gegeben ist. Auch in den molekularen Dimensionen gibt es Schwankungen. Wir können aber die Schwankungen der molekularen Welt — wenigstens zur Zeit — unmittelbar nicht wahrnehmen; infolgedessen stellen wir uns die diskreten Diskontinuitäten, die Moleküle, die Atome, die Elektronen und Protonen als individualitätsfreie „Korpuskeln" vor. Was gestattet uns aber anzunehmen, daß die Individualitäten, die Schwankungen dieser diskreten Diskontinuitäten, nicht von ebenso großer Bedeutung für die Eigenschaften und Ereignisse unserer materiellen Umwelt sind, wie die sichtbaren Individualitäten der für uns leicht zugänglichen Kolloidsysteme?

Wer einmal darüber nachgedacht hat, wenn er in das wunderbare Kaleidoskop der Kolloidik hineinblickt, der wird einsehen, daß man hier nicht weniger exakt arbeiten kann wie auf anderen Gebieten der physikalischen Chemie. Freilich wird man sich auf dem Gebiete der Kolloidik vielleicht mehr mit mühsamen Experimenten plagen müssen, wenn man etwas einigermaßen Zeit- und Wertbeständiges leisten will. Nun kann man aber darauf hinweisen, daß Tatsachen meist zeit- und wertbeständiger zu sein pflegen als Theorien, wenn auch die Bewertung dieser beiden Glieder der Wissenschaft je nach Zeit und Person verschieden ist.

Nicht selten wird uns Kolloidchemikern der Vorwurf gemacht, daß wir allzusehr Romantiker seien, weil wir uns für die Theorie der Kolloiderscheinungen zu wenig interessieren. Nun, wir würden — glaube ich — gegen ein solches „epiteton ornans" gewiß nicht protestieren, wenn es im Sinne der Auffassung etwa eines *Robert Boyle*[16]) gemeint wäre, der vor etwa 265 Jahren seine allzu stark theoretisierenden Fachgenossen in einem sehr liebenswürdigen Märchen ausschalt. Weil dieses Märchen eben so wunderschön romantisch ist, sei es hier zum Schluß wiedergegeben.

Mir kommen die Chemiker, sagt *Boyle*, in ihrem Suchen nach der Wahrheit immer vor wie die Männer, die einst König *Salomo* auf eine Expedition nach dem fernen Tarschisch schickte. Diese Leute brachten nach vielen Mühen und Entbehrungen Gold, Silber und Elfenbein nach Hause. Das sind, sagt *Boyle*, die wertvollen Experimente und Tatsachen der Chemiker. Manche Teilnehmer der Expedition brachten aber außerdem noch andere Beutestücke nach Hause, nämlich Pfauen und Affen. Nun, diese Beutestücke haben zunächst sehr subjektiven Wert. Gold kann jeder gebrauchen, aber nicht jeder will einen Pfau haben oder sich einen Affen kaufen. Außerdem, ein Pfau ist wohl prächtig anzusehen, aber im Grunde doch zu wenig nütze. Und ein Affe kann sich sehr vernünftig, ja witzig gebärden. Aber er ist im Grunde doch ebenfalls ein recht einfältiges Geschöpf. Mit diesen Beutestücken, sagt *Boyle*, möchte ich manche der Theorien meiner Fachgenossen vergleichen, die sie außer dem Gold der Tatsachen mitgebracht haben von ihren Reisen ins Land des Unbekannten.

Nun, ich glaube, daß die Welt der kolloiden Dimensionen noch immer das Land ist, woher der unternehmungslustige Forscher nicht nur anmutige Exotika, sondern auch Schätze von dauerndem Wert mitbringen kann.

---

[16]) *Ostwalds* Klassiker Nr. 229.

Abgrenzung und Darstellung der Kolloide

Heinrich Thiele *)

Mit 4 Abbildungen und 1 Tabelle

Mit *Ortega y Gasset* und *Karl Jaspers* lassen sich die Gebiete in Stufen dergestalt ordnen, daß zuerst die Atomphysik, dann die Chemie zu setzen ist, darauf folgt die Kolloidchemie, dann die Kristallographie und Biologie — entsprechend der Größenordnung der behandelten Strukturelemente. Auf dem Gebiet der Kolloidchemie berühren sich daher Fragen aus diesen Gebieten, wie auch ihre bedeutenden Forscher wie *Biltz, Einstein, Faraday, Freundlich, Pauli, Quincke, Smoluchowski, Svedberg* von der einen Seite und *Hardy, Nägeli, Wo. Ostwald, Schade, Schmidt* von der anderen Seite her dieses Gebiet zwischen den Molekülen und den kompakten Körpern gesehen haben.

Die Kolloidchemie, als eine noch junge Wissenschaft, hat begonnen, ihren Bereich, diese Welt der nicht mehr vernachlässigten Dimensionen, zu untersuchen. Immer mehr zeigt sich, daß die Kenntnis kolloidchemischer Methoden notwendig ist. Wer sich im Gebiet der Kolloidchemie zurechtfinden lernt, sieht eine Fülle von neuen gangbaren Wegen vor sich. Nach den Entdeckungen von *Selmi, Faraday* und *Graham* hatte die Kolloidwissenschaft durch *Ambronn, Bechhold, Biltz, Freundlich, Liesegang, Lottermoser, Manegold, Wi. Ostwald, Wo. Ostwald, Pauli, Siedentopf, Zsigmondy* und viele andere lange Zeit eine führende Stellung, bis in den letzten Jahren der Vorsprung verloren zu gehen droht — einmal aus Mangel an Lehrstühlen und Forschungsstätten und dann durch das Fehlen geeigneter Lehrbücher. An Interesse bei Dozenten und Studierenden auch von den angrenzenden Gebieten fehlt es nicht. Viele Fachgebiete wie auch Industrie und Technik haben sich weit mehr mit kolloidchemischen Fragen zu beschäftigen, als man zunächst annimmt.

Atome und Moleküle sind die Bausteine der Materie. Aber das Wesen eines Stoffes kann durch eine chemische Analyse und eine Summenformel nicht erschöpfend beschrieben werden. Ein charakteristischer Faktor muß hinzukommen. Er erscheint in der elementaren Baugruppe im Kristallgitter und in der Strukturformel.

Aus Atomen, Ionen und Molekülen können sich aber nicht ohne weiteres die Kristalle bilden. Ein Zwischengebiet ist nicht zu vernachlässigen. Zwischen den molekularen Größen und den Dimensionen des kompakten Zustandes liegt das

---

*) Aus: *Heinrich Thiele*, Praktikum der Kolloidchemie (Frankfurt a. M./Darmstadt 1950).

Gebiet der Kolloide. Es umfaßt Teilchen mit Größen von etwa 1 mμ bis 1 μ, bestehend aus 10^2 bis 10^9 Atomen (Abb. 1)[1].

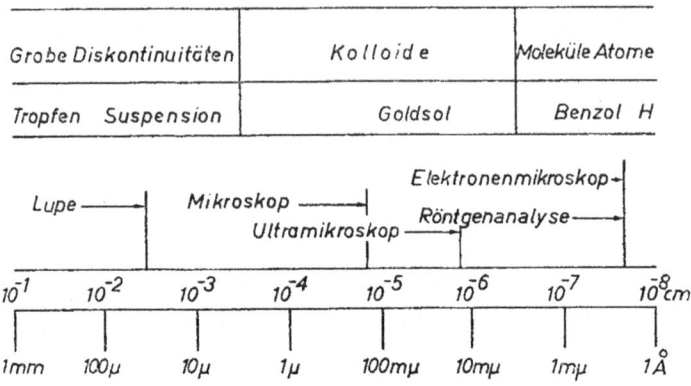

Abb. 1. Abgrenzung des Gebietes der Kolloide.

Die Kolloide unterscheiden sich von den groben Diskontinuitäten und den molekularen Dispersionen. Die Zahl der Atome an der Oberfläche der kolloiden Teilchen mit frei in den Raum ragenden Valenzen ist groß gegenüber der Zahl der Innenatome mit abgesättigten Valenzen. Diese Besonderheit des Zustandes der Materie ergibt ein andersartiges Verhalten. Das Abgrenzen eines eigenen Gebiets ist notwendig, weil besondere Erscheinungen auftreten. Die Eigenschaften eines Stoffes ändern sich nicht linear mit seinem Zerteilungsgrad, sondern die Kurven dieser Abhängigkeit vieler Eigenschaften vom Grad der Zerteilung haben Maxima oder Minima im kolloiden Gebiet oder an der Grenze grobdispers/kolloid und kolloid/molekular.

Als Beispiel ist in Abb. 2 die Härte von graphitischem Kohlenstoff in Abhängigkeit von der Korngröße anzuführen[2]. Ein weiteres Beispiel ist die Durchsichtigkeit von Emulsionen und Suspensionen, welche ein Minimum im kolloiden Gebiet aufweist (Abb. 3). Elektronenemission, katalytische Wirksamkeit, Lumineszenz, Gleichrichterwirkung, Adsorption, Farbkraft und andere Eigenschaften haben Maxima im Gebiet der kolloiden Dimensionen[3].

---

[1] *Zsigmondy* u. *Siedentopf*, Ann. Phys. (4) **10**, 1 (1903); *The Svedberg*, Die Existenz der Moleküle (Leipzig 1912); *A. v. Buzagh*, Kolloidik (Dresden und Leipzig 1936); *Wo. Ostwald*, Die Welt der vernachlässigten Dimensionen, 7. u. 8. Aufl. (Dresden und Leipzig 1922); *Staudinger*, Organische Kolloidchemie (Braunschweig 1940); *Hauser, E. A.* Colloidal Phenomena (New York 1939); *The Svedberg*, Die Herstellung kolloider Lösungen anorganischer Stoffe (Dresden und Leipzig 1909); *A. Lottermoser*, Kurze Einführung i. d. Koll.-Chemie. 2. Aufl. (Dresden und Leipzig 1948); *Jirgensons-Straumanis*, Kurzes Lehrbuch der Kolloidchemie. (München 1949).

[2] *L. Koch-Holm*, Veröff. Siem. Konz. **6**, 188 (1927).

[3] *Wo. Ostwald*, Kolloid-Z. **100**, 2 (1942).

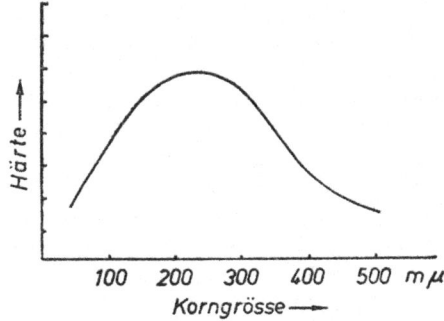

Abb. 2. Härte und Korngröße des graphitischen Kohlenstoffs.

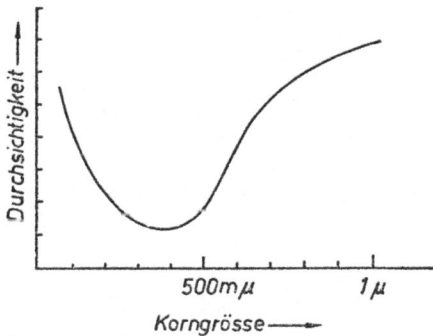

Abb. 3. Durchsichtigkeit und Korngröße bei Suspensionen von Zinkoxyd.

Der kolloide Zustand umfaßt auch die eigenartigen Zustände zwischen den Aggregatzuständen wie Gele, Schäume, Nebel und andere mehr. Diese Zwischenzustände — von *Ostwald* als Metastasen bezeichnet[4]), sind besondere Erscheinungsformen kolloider Natur.

Die Kolloidlehre ist die Lehre von einer besonderen Erscheinungsform der Materie. Dieser kolloide Zustand der Materie ist ein allgemeiner[5]). Alle Stoffe können als Kolloide erscheinen. Einige müssen kolloid sein — die eigentlichen oder Eukolloide. Der Zustand der organisierten Substanz der lebenden Organismen ist ohne kolloidchemische Begriffe nicht zu verstehen.

Durch die Röntgenanalyse und die Elektronenmikroskopie ist gesichert, daß die Kolloide nicht aus amorphen, undefinierten Massen bestehen. Kolloide ergeben

---

[4]) *Wo. Ostwald*, Kolloidwissenschaft, Elektrotechnik u. heterogene Katalyse (Dresden und Leipzig 1930); *H. Freundlich*, Kapillarchemie, 2 Bände (Leipzig 1930—32); *H. Bechhold*, Einführung in die Lehre von den Kolloiden (Dresden und Leipzig 1934).
[5]) *P. P. von Weimarn*, Die Allgemeinheit des kolloiden Zustandes (Dresden und Leipzig 1925).

die gleichen Röntgenbilder wie kompakte Stoffe, nur ihre Teilchengröße ist weit geringer. Sie sind mikrokristallin und zeigen mannigfaltige Formen wie Kugel, Tetraeder, Hexaeder, Octaeder, Sphärit, Faden und Plättchen[6]). Die anscheinend mangelhafte Reproduzierbarkeit kolloidchemischer Versuche hat ihre Ursache. Kolloide Systeme haben mehr Variable, als man zunächst annimmt. Wenn man versucht, von den groben Diskontinuitäten oder den molekularen Dispersionen herkommend deren Gesetzmäßigkeiten einfach auf kolloide Systeme zu übertragen, stößt man auf Überraschungen. Werden alle Faktoren, insbesondere die Zeit berücksichtigt, so sind die Ergebnisse reproduzierbar. Reihenversuche bieten größere Aussichten, alle unbekannten Faktoren zu erfassen und sind daher zu bevorzugen. Außer der Reihe führt man einen Leerversuch und eine Kontrollprobe aus. Eine gute Protokollführung im Laboratoriumsjournal ist anzustreben. Die Ergebnisse stellt man zunächst in Tabellen dar und überträgt die Werte in ein Koordinatensystem. Sind alle Faktoren erfaßt, kann eine mathematische Formulierung versucht werden.

Die Methoden der Kolloidchemie unterscheiden sich nicht wesentlich von der Arbeitsweise der physikalischen Chemie, Kristallisation und Destillation sind allerdings hier nicht anwendbar. Die Kolloidwissenschaft befaßt sich mit der Physik und Chemie eines Bereichs, welcher zwischen den groben Dispersionen und den atomaren Dimensionen liegt. Von den vielen vorgeschlagenen Namen für diesen Zweig der Naturwissenschaften hat sich der Name Kollidchemie, Kolloidlehre oder Kolloidik durchgesetzt. *Graham* erkannte im Leim = Kolla den Prototyp dieser Stoffe[7]).

Über die Bezeichnungen ist einiges vorauszuschicken. Den feinzerteilten Stoff nennt man die disperse Phase. Das Medium, worin dieser Stoff feinzerteilt ist, ist das Dispersionsmittel. Bei einem Goldsol ist Gold die disperse Phase und Wasser das Dispersionsmittel.

Als disperse Phase und auch als Dispersionsmittel können Stoffe aller drei Aggregatzustände erscheinen. Setzen wir für gasförmig G, für flüssig Fl und für fest F, so ergibt sich das folgende System mit neun Klassen *(Ostwald, Zsigmondy)*[8]).

System	Beispiel
F/F	Rubinglas
F/Fl	Goldsol
F/G	Aerosol
Fl/F	Mineral. Einschlüsse
Fl/Fl	Emulsion
Fl/G	Nebel
G/Fl	Schaum
G/F	Bimsstein
G/G	Kritische Zustände

---

[6]) „Amorphie ist Irrtum". *T. Hagiwara*, Kolloid-Beih. 23, 400 (1927).
[7]) *Th. Graham*, in *Ostwalds* Klassiker Nr. 179 (Leipzig 1911).
[8]) *R. Zsigmondy*, Kolloidchemie Teil I, 5. Auflage (Leipzig 1925). *E. Manegold*, Grundriß der Kolloidkunde (Dresden und Leipzig 1949).

Kolloide können difform und dispers sein. Im difformen Zustand sind Monone, Primärteilchen oder Mizellen locker aneinandergelagert und bilden Sekundärteilchen. Im dispersen Zustand sind sie voneinander getrennt und annähernd frei im Dispersionsmittel beweglich. Die Art der Difformität oder Dispersität kann eine verschiedene sein. Man unterscheidet korpuskular-, fibrillar- und laminardifforme und -disperse Stoffe. In der Zellulosefaser haben wir einen fibrillardifformen Stoff, im Graphit einen laminardifformen Körper vor uns.

Die Kolloide stehen größenordnungsmäßig zwischen den molekularen Dispersionen und den groben Diskontinuitäten. Sie lassen sich aus beiden darstellen.

Kolloide lassen sich darstellen

1. durch Aufbau aus Molekülen und Atomen oder Kondensation,

2. durch Abbau oder Aufteilung grober Diskontinuitäten oder Dispersion (Abb. 4).

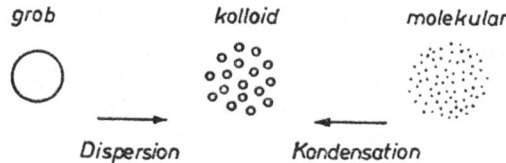

Abb. 4. Darstellung der Kolloide durch Dispersion und Kondensation.

Kolloidchemie und Biologie

Martin H. Fischer[*]

Für die analytische Betrachtung der lebenden Substanz (des *Protoplasmas*) sind drei verschiedene Wege eingeschlagen worden: *Schwann* und *Schleiden* beschritten den der *anatomischen* Betrachtungsweise mit der Begründung, alle lebenden Gewebe bestünden aus *Zellen*. Die *physiologischen Chemiker*, mit *Liebig* angefangen, teilten das Protoplasma in *5 Stoffklassen:* Wasser, Proteine, Salze, Fett und Kohlehydrate. Eine dritte Gruppe, die *Physikochemiker*, behaupten, daß gar nicht die Frage nach der *Zusammensetzung*, sondern erst die Frage nach der *räumlichen Anordnung* uns die beste Antwort geben könnte.

Die erste Betrachtungsweise, die anatomische, genügt deshalb nicht, weil sie die Rolle vernachlässigt, die die *Interzellularsubstanzen* beim Gesamtverhalten eines Gewebes spielen (sei es im festen Knochen- oder Knorpelgewebe, im Blut oder in der Lymphflüssigkeit). Ebensowenig befriedigt uns die zweite Anschauung; denn beim Wiedermischen der fünf Grundbestandteile entsteht ein System, dessen Eigenschaften auch nicht annähernd an die des Protoplasmas erinnern. Die dritte ist hinfällig, weil sie die Zelle nur als ein osmotisches System sieht, als ein Tröpfchen einer verdünnten Lösung, umgeben von einer semipermeablen Membran. Diese Anschauung ist am weitesten verbreitet. Trotzdem erweist sie sich aus zwei Gründen, einem biologischen und einem physikalischen, als unzulänglich: Eine von einer semipermeablen Membran umgebene Zelle würde weder Nahrung aufnehmen noch Stoffwechselprodukte ausscheiden können. Und es ist keine Zelle bekannt, die auch nur annähernd den *van't Hoff*schen Gesetzen des osmotischen Drucks gehorcht.

Ich habe schon vor vielen Jahren (1) erklärt: *Die lebenden Zellen zusammen mit ihrer Interzellularsubstanz sind eine wasserhaltige kolloide Masse.* Aber diese kann nicht mit einer Suspension oder mit einer Lösung biochemischer Stoffe in Wasser verglichen werden. *Im Gegenteil*, sie ist eine „Lösung" von Wasser *in diesen Stoffen.* Diese Umkehrung zeigt das Protoplasma als ein *hydratisiertes System*, dessen Wasser an seine Kolloide *gebunden* ist. Die lebende Substanz ist somit ein „*wasserfreies*" System, ohne eine Spur des „*freien*" Wassers, das nach der Vorstellung der Chemiker vom Wesen der Zelle als einer verdünnten Lösung so wichtig wäre. Das Verhalten des Protoplasmas unterliegt nicht einem der Gesetze, die für verdünnte Lösungen gelten.

Eiweiße sind die physiologisch wichtigsten Kolloide beim Aufbau der Zelle. Keine Zelle ist ohne Eiweiß, und ihre bloße Erhaltung erfordert, daß ihr Eiweiß als Haut„*nahrung*" zugeführt wird.

---

[*] Aus: *Martin H. Fischer* (1879—1962) und *Werner J. Suer,* Der kolloide Aufbau der lebenden Substanz (Darmstadt 1951). Deutsche Übersetzung von *Rolf Jäger* (1905—1969).

In reiner Form ist Eiweiß wenig hydratisierbar. Ein beliebiges Globulin oder Albumin wird erst dann „gelatinös", wenn Alkali oder Säure dazukommt. (Es wird dabei zum Alkali-Proteinat oder zum Säure-Protein).

Weder Alkali-Proteinat noch Säure-Protein allein entspricht aber der lebenden Substanz, denn diese enthält sowohl Alkali, wie auch Säure. Bei der biochemischen Analyse erscheinen sie beide in der Asche als „Salze".

Die einfachste Beobachtung aber zeigt, daß diese „Salze" im Protoplasma nicht in *dieser* Salzform vorliegen. Rohes Eiweiß (Pflanzeneiweiß, Fleisch, Fisch, Ei) schmeckt nicht salzig. Selbst der Tabak muß erst „geraucht" werden, damit er salzige Asche ergibt. Das Verfahren gleicht dem, das der Biochemiker als „Veraschung" bezeichnet. Bei der Veraschung verbrennt er die organische Substanz eines Untersuchungsgutes, und er macht damit die beiden anorganischen Reste, die ursprünglich an das Eiweiß gebunden waren, frei. Nun erst können aus Säure und Basen die Salze entstehen, die er in der Asche findet. Man muß deshalb sagen: Protoplasma ist nicht *„Eiweiß + Salz"*, sondern es ist eine Dreiheit: *Base — Protein — Säure"*.

Basen-Proteinate und proteinsaure Salze lassen sich leicht herstellen (2). Der Chemiker sagt, daß er sein Protein „in Lösung" bringt, indem er es mit Alkali oder mit Säure behandelt. Er meint damit, daß er auf diese Weise Eiweiß-Derivate erhält, die höher *hydratisierbar* und leichter mit Wasser *mischbar* sind. (Er macht sie „löslich".)

Wie stellt man solche „Basen-Eiweiß-Säure"-Dreiheiten her? Die Antwort ist einfach, wenn man sich an die Regeln hält, die sich aus dem Verhalten der Eiweißkörper ergeben und nicht an die der Physikochemiker.

Fügt man zu einem Alkali-Proteinat eine Säure, so fällt gewöhnlich ein Protein aus, ebenso auch umgekehrt. *Beide,* Säure und Base, können an ein Eiweiß gebunden werden, *wenn die Reaktion in Abwesenheit von „freiem" Wasser durchgeführt wird.*

Die gewöhnlichen weichen natürlichen Gewebe enthalten nicht mehr als 80 %/o Wasser. Aber selbst dieser hohe Anteil ist nicht *„freies* Wasser", wie das die Physikochemiker behaupten, sondern *„gebundenes Wasser".* Normale lebende Substanz ist ein *„wasserfreies"* System und (wenn sie flüssig ist) vergleichbar solchen „Anhydriden", wie konzentrierte Schwefelsäure oder Eisessig oder (wenn sie fest ist) vergleichbar den Alaunen, die ihr Wasser oft in beträchtlichen Anteilen als „Kristallwasser" enthalten.

Zur Nomenklatur und Systematik in der Kolloidchemie

Alfred Lottermoser [*])

Graham [1]), den man nicht ganz mit Recht [2]) den Vater der Kolloidchemie nennt, glaubte Stoffe, die er auf Grund ihrer Eigenschaften als Kolloide bezeichnete, von anderen Stoff, die er Kristalloide nannte, unterscheiden zu müssen. Und in der Tat haben zuerst Chemiker, die sich für dieses Gebiet interessierten, nach neuen kolloiden Stoffen gesucht und damit eine Art Raritätensammlung bereichert. Es zeigte sich aber sehr bald, daß durch diese Behandlung der Kolloidchemie keine neue Erkenntnis zu erreichen war. Da trat *von Weimarn* [3]) auf und verkündete die Lehre, daß der kolloide Zustand der Materie ein allgemeiner Zustand derselben sei, daß er also nicht an bestimmte Stoffe gebunden, sondern daß jeder Stoff in diesen Zustand zu bringen sei. Von diesem Augenblick an mußten es die Kolloidchemiker als ihre Aufgabe betrachten, nicht neue kolloide Stoffe darzustellen, sondern den kolloiden Zustand der Materie zu erforschen, die Bedingungen für die Erreichung desselben zu finden und zu diesem Zwecke physikalisch-chemische Hilfsmittel anzuwenden. Die Kolloidchemie kann deshalb mit Recht als der jüngste Zweig der physikalischen Chemie bezeichnet werden, ihre Hauptentwicklung beginnt mit dem ersten Jahrzehnt dieses Jahrhunderts. Es lohnt sich aber, schon jetzt eine gesonderte Betrachtung diesem Sondergebiete zu widmen, da man wohl ohne Übertreibung sagen kann, daß ein Überblick über dasselbe bereits nach einheitlichen Gesichtspunkten sehr wohl möglich ist.

Die hohe theoretische Bedeutung des kolloiden Zustandes steht jedenfalls heute außer allem Zweifel, ist es doch mit der Kolloidchemie zu verdanken, daß wir eine gesicherte Vorstellung von der Struktur der Materie besitzen. Dazu kommt, daß die Kolloide im Haushalte der Natur eine ausschlaggebende Rolle spielen, so daß der Botaniker, der Zoologe, der Biologe und Mediziner, ja selbst der Mineraloge und Geologe nicht mehr ohne ihre Kenntnis bestehen können.

Die Kolloidchemie hat aber nicht nur wissenschaftliche Bedeutung, auch die Technik kann derselben gegenwärtig nicht mehr gleichgültig gegenüberstehen. Eine ganze Reihe von Industriezweigen beschäftigt sich ausschließlich mit Kolloiden.

---

[*]) Aus: *Alfred Lottermoser* (1870–1945), Kurze Einführung in die Kolloidchemie, 3. Aufl. von *Carl Kalauch* (Dresden und Leipzig 1954).

[1]) *Thomas Graham*, Philos. Transact. **1861**, 183; Liebigs Ann. **121**, 1 (1862).

[2]) *Wo. Ostwald*, Über die andere geschichtliche Wurzel der Kolloidwissenschaft. Kolloid-Z. **84**, 258 (1938). In diesem Aufsatz weist *Wo. Ostwald* darauf hin, daß *B. Richter, J. Berzelius* und *F. Selmi* bereits den kolloiden Zustand in auflösungsähnlichen Suspensionen erkannten, wenn sie ihn auch nicht so bezeichneten.

[3]) *P. P. von Weimarn*, Kolloid-Z. 2, 76, 128, 199, 230 (1908); 3, 282 (1908); 4, 27, 123, 198, 252, 315 (1909); 5, 62, 117, 150, 212 (1909).

Ich nenne beispielsweise die Leimindustrie, die Gerberei, die Seifen- und Fettindustrie, die Fabrikanten künstlicher Seiden. Zwar haben diese Industrien bis vor kurzer Zeit noch rein empirisch gearbeitet und es zum Teil zu sehr hoher Vollkommenheit gebracht, aber eine wissenschaftliche Erklärung ihres Arbeitsganges und eine systematische Weitervervollkommnung derselben stand damals noch dahin. Auch in anderen technischen Betrieben spielen kolloide Erscheinungen ein wichtige Rolle, ich möchte hier nur an die Tonindustrie, die photographische Industrie und endlich die Erzaufbereitung erinnern. Man fängt jetzt an, die Errungenschaften der Kolloidchemie auch hier nutzbar zu verwerten, und man hat bereits vielversprechende Anfänge zu verzeichnen; es gibt aber noch viele und gewiß nicht leichte Probleme zu lösen. Für den wissenschaftlichen Kolloidchemiker bietet sich hier eine schier unübersehbare Fülle interessanter Aufgaben, und es ist deshalb nicht verwunderlich, daß sich der Kolloidchemie in immer steigendem Maße Forscher widmen, hier und da ordnend und ergänzend einzugreifen, an anderen Stellen vordringlich neue Wege zu erschließen.

Da, wie ich schon einleitend bemerkte, die Kolloidchemie wesentlich zur Kenntnis der Struktur der Materie beigetragen hat, so möchte ich in den nachfolgenden Betrachtung gerade von diesem ihrem höchsten Erfolge ausgehen und versuchen, ein Bild von ihr zu geben, wie es sich heute nach dem Stande der wissenschaftlichen Forschung darbietet . . .

Die Kolloidchemie ist nun der Zweig der physikalischen Chemie, welcher sich mit Systemen besonders großer spezifischer Grenzflächen und den besonderen Eigenschaften dieser Systeme beschäftigt. Kolloide Systeme sind danach mindestens zweiteilige Systeme mit sehr großer spezifischer Grenzfläche zwischen den beiden Bestandteilen. Dabei wird stillschweigend die Gegenwart eines stets vorhandenen dritten Gebietes, der Luft, vernachlässigt, vorausgesetzt, daß dieselbe nicht selbst als Bestandteil des erwähnten Systems auftritt, wenn sie also dem kolloiden System gegenüber nur eine zu vernachlässigende Grenzfläche besitzt. Das System bezeichnet man nach *Wolfgang Ostwald*[4]) als ein disperses System, das in sich geschlossene Gebiet wird Dispersionsmittel, der andere fein zerteilte, rings von dem Dispersionsmittel umgebene Anteil des Systems wird der disperse Bestandteil genannt.

Zunächst suchte nun *R. Zsigmondy*[5]) eine Einteilung der dispersen Systeme nach der Größe der spezifischen Grenzfläche oder, wie man sich ausdrückt, nach dem Dispersitätsgrade zu treffen. Dieses Einteilungsprinzip erwies sich aber sehr bald als untunlich, weil man erkannte, daß an keiner Stelle des Dispersitätsgrades ein Sprung in den Eigenschaftswerten zu bemerken ist, vielmehr sich diese Eigenschaftswerte kontinuierlich von homogenen einphasigen Systemen über disperse Systeme mit immer weiter abnehmendem Dispersitätsgrade bis zu zweiphasigen Systemen mit sehr kleiner Grenzfläche ändern. Deshalb hat *Wo. Ostwald*[6]) mit Recht vorgeschlagen, dieses Einteilungsprinzip fallen zu lassen oder wenigstens nur gewisse

---

[4]) *Wo. Ostwald*, Kolloid-Z. **1**, 291, 331 (1907); Grundriß der Kolloidchemie, 7. Auflage (Dresden und Leipzig 1922), S. 27.

[5]) *R. Zsigmondy*, Zur Erkenntnis der Kolloide (Jena 1905), S. 22.

[6]) Siehe *Wo. Ostwald*, Grundriß der Kolloidchemie, 7. Auflage (Dresden und Leipzig 1922), S. 49.

Dispersitätsgradbezirke lose abzugrenzen, und eine Einteilung nach dem Aggregat-zustande, oder um das von *Wilhelm Ostwald* bevorzugte deutsche Wort zu verwenden, nach der Formart der beteiligten Bestandteile vorzunehmen. Auf diese Weise sind folgende Möglichkeiten disperser Systeme vorhanden:

1. Dispersionsmittel gasförmig;
   disperser Bestandteil   a) gasförmig,
                                 b) flüssig,
                                 c) fest.

2. Dispersionsmittel flüssig;
   disperser Bestandteil   a) gasförmig,
                                 b) flüssig,
                                 c) fest.

3. Dispersionsmittel fest;
   disperser Bestandteil   a) gasförmig,
                                 b) flüssig,
                                 c) fest.

Ein disperses System 1a gibt es definitionsgemäß nicht, da alle Gase unbegrenzt ineinander löslich sind, demnach ganz gleichgültig, ob ein reines Gas oder eine Lösung beliebig vieler Gase ineinander vorliegt, immer nur *eine* Phase vorhanden ist. Wir werden aber später sehen, daß auch diese einphasigen Systeme in ganz bestimmter Beziehung als mehrteilig angesehen werden können, da sie Eigenschaften solcher heterogener mehrteiliger Systeme besitzen. In dieser Beziehung sei hier nur zurückverwiesen auf die Vorstellungen, die der kinetischen Gastheorie zugrunde liegen. Das System 1b nennt man einen Nebel, eine Suspension feinster Tröpfchen in einem gasförmigen Medium, z. B. Luft. Das System 1c ist ein Rauch, ein in der Großstadt immer vorhandenes System. Desgleichen rühren die nach Vulkan-ausbrüchen zu beobachtenden Dämmerungserscheinungen von Systemen 1c her. Das System 2a kann man als Schaum bezeichnen. Die Systeme 2b und 2c sind die kolloiden Lösungen im engeren Sinne des Wortes. Nach *Wo. Ostwald* heißen Systeme 2b Emulsionskolloide, 2c Suspensionskolloide, doch werden wir sehen, daß diese beiden Systeme sich prinzipiell gar nicht voneinander unterscheiden und ganz gleiche Eigenschaften besitzen, da 2b eine Dispersion oder Suspension feinster Tröpfchen in einer anderen Flüssigkeit und 2c eine Dispersion oder Suspension feinster fester Teilchen in einer Flüssigkeit sind. Das trifft für den Fall zu, daß die das disperse System bildenden Bestandteile gegeneinander indifferent, d. h. praktisch unlöslich ineinander sind. Ist das nicht mehr der Fall, so treten neue Eigen-schaften hervor, die später näher zu besprechen sein werden. Vorläufig muß dieser Hinweis genügen. System 3a ist ein fester Schaum, wie er im Bimsstein, Meer-schaum, Kunstharzschaummasse und dergleichen Gebilden vorliegt. Unter 3b fallen Flüsigkeitseinschlüsse in Mineralien, 3c sind feste Gemenge, wie gewisse Gefüge-bestandteile in Legierungen und manche gefärbte Mineralien. Die gefärbten Gläser

(z. B. Goldrubinglas) muß man besser zu den Systemen 2 c rechnen, da man ein Glas als eine Flüssigkeit mit unendlich hoher innerer Reibung aufzufassen hat. Während die Systeme 3 a und 3 b mehr mineralogisches Interesse haben und für physikalisch-chemische Untersuchungen weniger in Betracht kommen, weil die Natur meist Systeme mit nicht allzugroßer spezifischer Grenzfläche hervorbringt, bieten die übrigen Systeme dem Physiker und Physikochemiker interessante Probleme in Fülle dar. Für die eigentliche Kolloidchemie kommen im wesentlichen die kolloiden Lösungen im engeren Sinne des Wortes, also die Systeme 2 b und 2 c in Frage, die auch hauptsächlich in vorliegender Schrift behandelt werden sollen. Wer sich besonders für die Systeme der Gruppe 1 interessiert, sei auf *Freundlichs* Kapillarchemie verwiesen, die auch deren Physik eingehend und vom mathematischen Standpunkt aus behandelt.

Die Dimensionen der Kolloidchemie liegen größenordnungsmäßig zwischen 0,1 μ und 1 μ (1 μ = $^1/_{1000}$ mm). Es ist dabei gleichgültig, ob es sich um die Größe der Teilchen im Dispersionsmittel oder um kapillare Hohlräume handelt. Teilchengrößen über 1 μ gehören zu den groben Dispersionen, was unter 0,1 μ liegt, gehört zur molekularen Größenordnung. Eine scharfe Trennung läßt sich nicht durchführen, da die Übergänge von einem Bereich zum anderen kontinuierlich sind.

Da die Kolloidteilchen nicht immer annähernd Kugelgestalt besitzen (Sphärokolloide), sondern auch langgestreckte, fadenförmige Teilchengestalt haben können (Linearkolloide), so hat man versucht, die Größe der Kolloidteilchen durch die Zahl der Atome, aus denen sich etwa das Teilchen zusammensetzt, festzulegen. Demnach bestünden Kolloidteilchen aus 10^3 bis 10^9 Atomen.

Nach dem Charakter der Grenzfläche zwischen disperser Phase (disperser Bestandteil) und Dispersionsmittel (dispergierender Bestandteil) unterteilt man die Dispersionskolloide in

lyophobe (lösungsmittelabweisende Kolloide und

lyophile (lösungsmittelannehmende, quellbare) Kolloide.

Die lyophilen Kolloide lassen nach ihrem Aufbau weiter aufteilen in Mizellkolloide und Molekülkolloide.

Mizellkolloide sind molekulare Zusammenlagerungen infolge der Wirkung von Dipol- oder *van der Waals*schen Kräften. *Molekülkolloide* sind Riesenmoleküle oder Makromoleküle (Eukolloide, *Wo. Ostwald*) mit meist homöopolarer Bindung von kugeliger oder langgestreckter Form, die kolloide Dimension erreichen. Dazu gehören Eiweißstoffe, Polysaccharide und die hochpolymeren Kunststoffe.

Nach *H. Staudinger*[7]) lassen sich die Kolloide nach ihrem Bauprinzip in anorganische und organische Kolloide unterteilen. Für die anorganische Chemie ist die heteropolare, für die organische die homöopolare Bindung kennzeichnend. Die anorganischen Kolloide sind einfach, d. h. kristallin aufgebaut. An ihnen, diesen vorwiegend lyophoben Kolloiden, interessieren besonders die Grenzflächenerscheinungen. Bei den organischen Kolloiden, die praktisch alle lyophil sind, steht die

---

[7]) *H. Staudinger*, Organische Kolloidchemie, 3. Aufl. (Braunschweig 1950).

Untersuchung der Struktur der Teilchen an erster Stelle. Für die organischen Kolloide besteht eine eigens dafür entwickelte Strukturchemie.

Bei den anorganischen lyophoben Kolloiden wird der kolloide Zustand durch die elektrische Grenzflächenladung aufrecht erhalten. Für die organischen Kolloide ist der Quellungszustand zur Stabilisierung des kolloiden Systems charakteristisch.

Die Mizellkolloidbildung ist anorganischen wie organischen Stoffen aufgrund *van der Waals*scher Kräfte gemeinsam. Die relativ dichte Molekülzusammenlagerung zu Mizellen und Assoziationskolloiden hat alle Übergänge bis zur aufgelockerten Schwarmbildung.

H. R. Kruyt[8]) unterteilt die Kolloide in einfacher und sinnvollster Weise nach rein chemisch-physikalischen Gesichtspunkten im Hinblick auf die Stabilität der dispersen Phase im kolloiden System in zwei Klassen:

I. *Irreversible Kolloide,* diese kehren nicht mehr in dem typisch kolloiden Zustand zurück, wenn dieser durch eine chemisch-physikalische Einwirkung verloren ging.

II. *Reversible Kolloide,* das sind Kolloide, die den kolloiden Zustand verlieren und leicht wiedergewinnen können.

Zu den irreversiblen Kolloiden gehören die lyophoben Kolloide mit der leicht zerstörbaren elektrischen Grenzflächenladung und weiter organische Kolloide, z. B. Eiweiße, die bei der Entquellung oder Wärmebehandlung eine Strukturveränderung erleiden, so daß der alte leicht veränderliche Zustand nicht mehr zurückgebildet werden kann.

Reversible kolloide Eigenschaften besitzen die organischen Kunststoffe (Polyplaste), die meist leicht quellen, in Lösung gehen und vom Lösungsmittel getrennt werden können, so daß diese physikalischen Zustandsänderungen ohne eine Störung in der Struktur der Substanz erneut durchlaufen werden können.

---

[8]) *H. R. Kruyt,* Colloid Science I, II (Amsterdam 1952, 1949).

Kolloide Systemzusammenhänge

Erich Manegold[*])

Mit 2 Abbildungen

Der Begriff „Systemzusammenhänge" umfaßt

1. den „genetischen" Zusammenhang bei den Zustandsänderungen (Flockung, Auflösung, Gelierung, Schrumpfung und Quellung) eines gegebenen Systems;

2. den „genealogischen" Zusammenhang der reinen Systeme, d. h. den „verwandt-
schaftlichen Zusammenhang", der zwischen den kolloiden Teilchen verschiedener
Systeme hinsichtlich einer herausgegriffenen Eigenschaft (Lyo- bzw. Elektro-
affinität, Lyo- bzw. Elektropolarität u. a.) besteht und

3. den „materiellen" Zusammenhang bei gemischten Systemen (Deck-, Binde-,
Schmier- und Schutzschichten; Reinigungs-, Trenn- und Fraktionierverfahren).

Eine systematische Beschreibung dieser Zusammenhänge setzt eingehendere
experimentelle und theoretische Kenntnisse voraus, als sie in einem kurz gefaßten
„Grundriß der Kolloidkunde" vermittelt werden können.
Ein grober Überblick mag deshalb genügen.
Die kolloidkundlichen Systeme der Praxis sind meistens Mischungen aus Ma-
terialeinheiten, Hohlräumen und Grenzschichten, die mit ihren Sondereigenschaften
das Gesamtbild sehr unübersichtlich machen.
Von diesen Schwierigkeiten abgesehen, ergeben sich noch weitere dadurch, daß
die Eigenschaften eines kolloiden Systems von seiner Vorgeschichte abhängen und
sich zeitlich ändern.
In den meisten Fällen befindet sich nämlich ein Kolloidsystem in einem Ungleich-
gewicht, aus dem es unter „Alterungserscheinungen" (Denaturierung, Relaxation,
Entspannung) einem stabilen Gleichgewicht zustrebt, dessen Erreichung erwünscht
oder unerwünscht sein kann. Im ersten Fall sucht man die Gleichgewichtseinstellung
zu beschleunigen, im letzten Fall zu verhindern bzw. zu behindern.
Sehr oft ist es auch erwünscht, das System im ursprünglichen (nativen) oder in
einem gealterten bzw. gereiften Zustand zu erhalten und den Eintritt bzw. den
Fortschritt der Alterung durch Stabilisatoren zu verhindern oder wenigstens zeitlich
hinauszuschieben. Die Kolloidkunde befaßt sich deshalb mehr mit kinetischen als

*) Aus: *Erich Manegold* (1895–1972)), Grundriß der Kolloidkunde, 2. Aufl. (Dresden
und Leipzig 1959).

mit statischen Problemen, mehr mit mathematischen Formulierungen als mit chemischen Reaktionsgleichungen, deren Bruttoformel meistens sehr einfach aussieht, aber in Wirklichkeit so kompliziert sein kann, daß dann nur das Bauprinzip des Reaktionsproduktes angebbar ist.

Die Variationsbreite eines international hergestellten kolloidtechnischen Fabrikates (z. B. Hydratcellulosefolie) ist hinsichtlich seiner nominellen Kennzeichnung („Musterschutz") trotz identischer Grundsubstanz und geringfügiger verfahrenstechnischer Unterschiede stets sehr groß.

Bei dem Wechselspiel der zahlreichen kolloidkundlichen Variablen, deren Zusammenwirken einen erheblichen Teil des komplizierten und komplexen biologischen Geschehens ausmacht, ist ein kolloidkundliches Problem oft nur auf breitester chemisch-physikalisch-mathematischer Grundlage unter Heranziehung quantitativer Modellbetrachtungen, unter extremen Ansprüchen an die analytische Genauigkeit und unter großem experimentellem Aufwand mit mehr oder weniger großer Näherung zu lösen.

Natürlich darf das nicht dazu führen, sich einer „Apparatur" sklavisch unterzuordnen und grundsätzlich „mit Kanonen nach Spatzen zu schießen". Ein chemischtechnisches Problem ist im Idealfall nur dann als fachgerecht und wirtschaftlich optimal gelöst zu betrachten, wenn es durch zweckmäßig eingesetzte Chemikalien und Konzentrationen unter normalen Bedingungen „ohne Apparatur" bewältigt wurde.

Voraussetzung hierfür ist eine umfassende Kenntnis der chemischen, physikalischen und strukturellen Stoffeigenschaften, die sich der Chemiker, und ganz besonders der Kolloidkundler, nur durch praktische Laboratoriumsarbeit auf der Hochschule und in der Technik als wertvollsten fachwissenschaftlichen Besitz aneignen kann.

Sehr zu beachten sind dabei die den wissenschaftlichen „Lehr- und Hauptsätzen" beigefügten „Fußnoten". Nichts bereitet nämlich dem vielseitig beanspruchten Betriebschemiker, der sich oft nicht erlauben darf, ein Spezialist (d. h. nach *Ortega y Gasset* ein „gelehrter Ignorant") zu sein, größere Schwierigkeiten als die bei der Durchführung eines Verfahrens zu leistende „Kleinarbeit". Sie bezieht sich auf unerwartet auftretende und meist in Fußnoten vermerkte „Effekte", die in der Regel kolloidchemischer oder kolloidphysikalischer, d. h. kolloidkundlicher, Natur sind und nicht nur die Verarbeitung und Veredlung eines Stoffes, sondern auch die Auswahl der Rohstoffe (besonders der biogenen) und des Wassers maßgeblich bestimmen.

In den wissenschaftlichen Lehrbüchern der anorganischen, organischen und physikalischen Chemie wird der Betriebschemiker nur in seltenen Fällen eine ausreichende Beantwortung seiner Fragen finden. Er muß zu kolloidkundlichen Lehrbüchern, Monographien, Handbüchern und Fachzeitschriften greifen, wenn er nicht von überkommenen Rezepten völlig abhängig werden will.

Ob schließlich ein kolloidkundliches Fertigprodukt den gestellten Anforderungen entspricht, läßt sich nur selten durch eine einzige exakt gemessene Testzahl belegen, und oft vermögen zahlreiche Testzahlen und Filmaufnahmen nicht das zu ersetzen, was der erfahrene Meister fühlt und sieht, wenn er sich sein Erzeugnis durch die Finger laufen läßt.

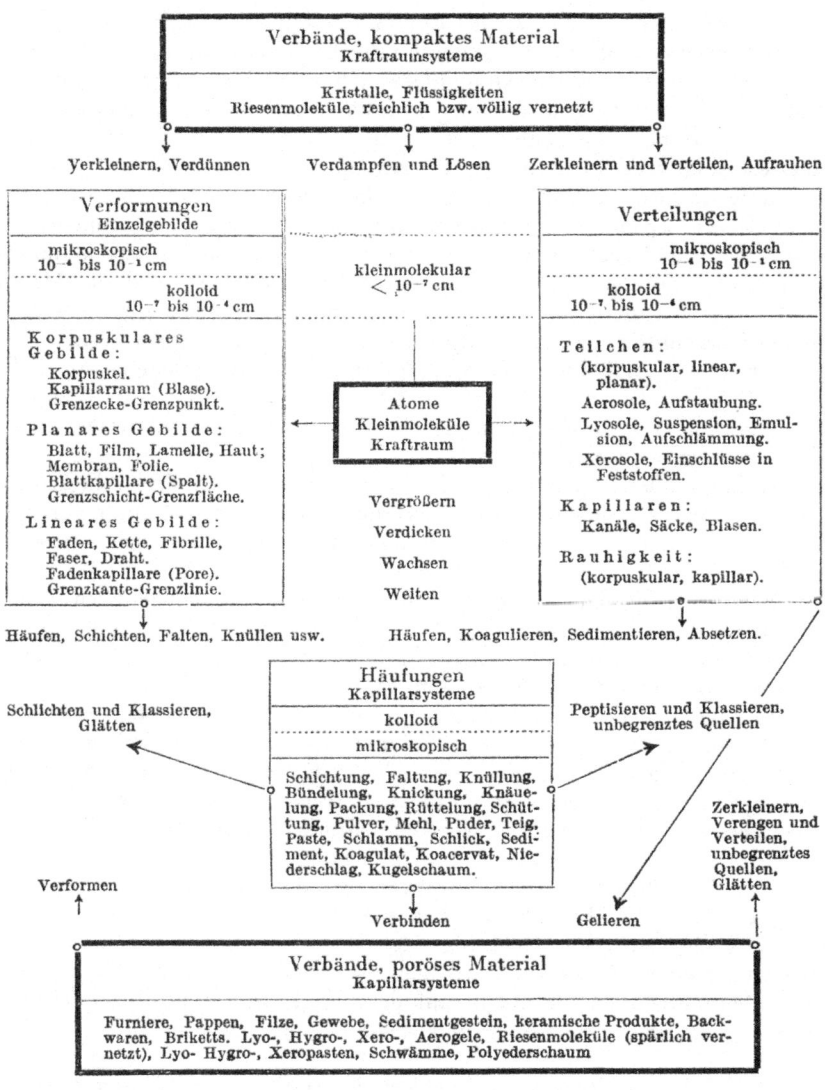

Verbände, kompaktes Material
Kraftraumsysteme

Kristalle, Flüssigkeiten
Riesenmoleküle, reichlich bzw. völlig vernetzt

Verkleinern, Verdünnen   Verdampfen und Lösen   Zerkleinern und Verteilen, Aufrauhen

Verformungen
Einzelgebilde

mikroskopisch
10^{-4} bis 10^{-1} cm

kolloid
10^{-7} bis 10^{-4} cm

Korpuskulares Gebilde:
Korpuskel.
Kapillarraum (Blase).
Grenzecke-Grenzpunkt.

Planares Gebilde:
Blatt, Film, Lamelle, Haut;
Membran, Folie.
Blattkapillare (Spalt).
Grenzschicht-Grenzfläche.

Lineares Gebilde:
Faden, Kette, Fibrille,
Faser, Draht.
Fadenkapillare (Pore).
Grenzkante-Grenzlinie.

kleinmolekular
$< 10^{-7}$ cm

Atome
Kleinmoleküle
Kraftraum

Vergrößern
Verdicken
Wachsen
Weiten

Verteilungen

mikroskopisch
10^{-4} bis 10^{-1} cm

kolloid
10^{-7} bis 10^{-4} cm

Teilchen:
(korpuskular, linear, planar).
Aerosole, Aufstaubung.
Lyosole, Suspension, Emulsion, Aufschlämmung.
Xerosole, Einschlüsse in Feststoffen.

Kapillaren:
Kanäle, Säcke, Blasen.

Rauhigkeit:
(korpuskular, kapillar).

Häufen, Schichten, Falten, Knüllen usw.   Häufen, Koagulieren, Sedimentieren, Absetzen.

Schlichten und Klassieren, Glätten

Häufungen
Kapillarsysteme

kolloid

mikroskopisch

Schichtung, Faltung, Knüllung, Bündelung, Knickung, Knäuelung, Packung, Rüttelung, Schüttung, Pulver, Mehl, Puder, Teig, Paste, Schlamm, Schlick, Sediment, Koagulat, Koacervat, Niederschlag, Kugelschaum.

Peptisieren und Klassieren, unbegrenztes Quellen

Zerkleinern, Verengen und Verteilen, unbegrenztes Quellen, Glätten

Verformen

Verbinden   Gelieren

Verbände, poröses Material
Kapillarsysteme

Furniere, Pappen, Filze, Gewebe, Sedimentgestein, keramische Produkte, Backwaren, Briketts. Lyo-, Hygro-, Xero-, Aerogele, Riesenmoleküle (spärlich vernetzt), Lyo- Hygro-, Xeropasten, Schwämme, Polyederschaum

Abb. 1. Die innere Struktur des kolloidkundlichen Interessengebietes

Man bedenke immer, daß die hohe Empfindlichkeit aller Lebensvorgänge gegen relativ geringfügige stoffliche und energetische Einwirkungen auf das engste mit der komplizierten und labilen Kolloidnatur der pflanzlichen und tierischen Welt verknüpft ist. Dann wird man sich vor Enttäuschungen bewahren und den kolloiden Gebilden *in vitro* nicht das zumuten, was man *in vivo* nicht von ihnen zu erwarten durch eigene schmerzliche Erfahrungen gelernt hat.

Das vollendetste und lehrreichste kolloidkundliche Laboratorium ist das der lebenden Natur, wo mit den einfachsten Mitteln — oft unter den kümmerlichsten Lebensbedingungen — die (vom menschlichen Standpunkt aus gesehen) kompliziertesten kolloiden Systeme auf- und abgebaut und ausgenutzt werden. Mag die natürliche Verfahrenstechnik auch noch so kompliziert erscheinen, man wird mit wachsender Erkenntnis doch feststellen, daß sie unter den gegebenen Bedingungen die einfachste, zweckmäßigste und wirksamste ist. „Simplex semper est sigillum veri."

Die Abbildung 1 veranschaulicht rückblickend die innere Struktur des kolloidkundlichen Interessengebietes.

Die stark umrandeten Bereiche sind die Ausgangsgebiete, von denen die kolloiden und mikroskopischen Einheiten durch Verformung und Verkleinerung makroskopischer Dimensionen oder durch Vergrößerung atomarer Abmessungen darstellbar sind.

Die den Richtungspfeilen beigegebenen Bezeichnungen kennzeichnen den betreffenden Überführungsvorgang.

Das wichtigste kolloidkundliche Untersuchungsobjekt ist letzten Endes der am höchsten organisierte Zellenverband „Mensch". In ihm vereinigt sich, vom „geistigen Band" ganz abgesehen, die Chemie, Physik und Struktur der Atome und Kleinmoleküle mit der Chemie, Physik und Struktur der kolloiden Teilchen, der blatt- und fadenförmigen Einzelgebilde, der Kapillarräume und der Körperbegrenzungen zu einem stofflichen und energetischen Wechselspiel, wie es in ähnlicher Differenzierung bei keinem anderen lebenden Organismus in Erscheinung tritt.

„Was für den Chemiker die Atome bedeuten, das sind für den Biologen die Zellen. Sie sind die Einheiten, an denen sich das Leben abspielt. Eine wirklich einwertige Zelle, wie eine einkernige Amöbe, eine einkernige Epithel- oder Furchungszelle eines Wirbeltieres, läßt sich nicht weiter zerlegen, ohne daß das Leben zugleich vernichtet wird. Nur auf dem Wege einer natürlichen Zellteilung (Zweiteilung) ist eine Vermehrung und Zerlegung der Zelle möglich" *(M. Hartmann).*

Rechnet man mit *H. Staudinger* die Bakteriensporen zu den kleinsten bekannten Lebewesen (0,124 µ Durchmesser 10^{-15} g Gewicht), so besteht dieses „atomos" des Lebendigen *(M. Staudinger)* aus etwa 10^8 Atomen (C, O, H und N), die zu Groß- und Kleinmolekülen vereinigt in eine „bis ins feinste geregelte Ordnung gebracht werden müssen, um jenes genau determinierte Zusammenspiel zu ermöglichen, welches das Leben eines derartigen Organismus trägt".

Trotz vieler Bemühungen und sehr bedeutsamer Einzelerfolge ist es dem forschenden Menschen selbst beim primitivsten Einzeller bislang noch nicht gelungen, in den Mechanismus dieses Zusammenspiels einen tieferen Einblick zu gewinnen.

Als sich sein Interesse dem Aufbau des Atoms zuwandte, gelang dem Physiker frühzeitiger ein Einblick in das Atom als dem Chemiker der Aufbau des Stärkemoleküls aus Kohlensäure und Wasser, wie er sich zum größten Nutzen der Menschheit bei gewöhnlicher Temperatur unter Ausnutzung der Sonnenenergie im grünen Blatt abspielt. Es ist jedoch zu hoffen, daß die Rätsel des kolloidkundlichen Laboratoriums der Tiere und Pflanzen durch die Beherrschung der Atomenergie und durch den Einsatz neuer radioaktiver Indikatoren eine schnellere Lösung finden werden, als es ohne diese revolutionierenden Errungenschaften mit Einschluß des Elektronenmikroskops möglich gewesen wäre.

Unter Verwendung von radioaktiver Kohlensäure (^{14}C) untersuchten *Calvin* u. Mitarb. an einer Grünalgensuspension in sehr eingehender Weise die Photosynthese der Zucker aus CO_2 und H_2O.

Die Suspension wird im stationären Zustand der Photosynthese für einige Sekunden oder Minuten mit radioaktiver CO_2 versetzt und dann zur Abtötung der Algen in heißen Alkohol gegossen. Die kapillaranalytische Trennung (Papier) der im alkoholischen Extrakt vorhandenen Bestandteile liefert bei einem 60-Sekunden-Versuch etwa 20 verschiedene durch radioaktiven Kohlenstoff markierte Verbindungen. Durch schrittweise Verkürzung der Versuchsdauer verringert sich diese Zahl bis in einem 10-Sekunden-Versuch die Phosphoglycerinsäure als vorherrschend übrigbleibt. Extrapoliert man die Versuche auf die Zeit Null, dann enthält diese Verbindung den gesamten Radiokohlenstoff. Aus der Phosphoglycerinsäure bildet sich durch Reduktion neben den Endprodukten (Hexosephosphate und Saccharose) und verschiedenen Zuckerumwandlungsprodukten Ribulosediphosphorsäure, die unter Einwirkung der „Carboxydismutase" und unter Aufnahme von einem CO_2- und H_2O-Molekül zwei Moleküle Phosphoglycerinsäure zurückbildet. Auf diese Weise ergibt sich der in der Abb. 2 schematisierte Hauptzyklus der Photosynthese, der noch mit anderen enzymatisch gesteuerten Nebenzyklen verkoppelt ist.

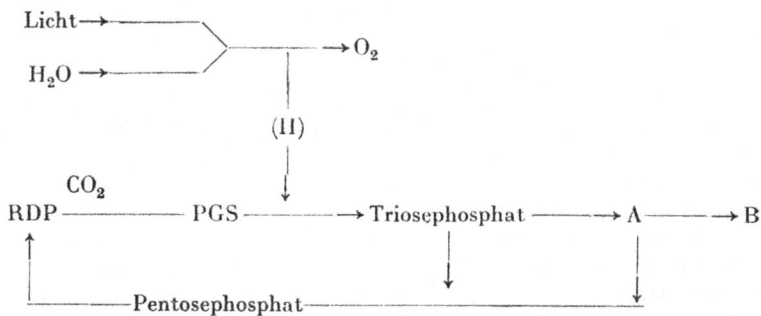

A = Hexosephosphat   B = Saccharose

Abb. 2. Schematisierter Hauptzyklus der Photosynthese mit den Beziehungen zwischen Ribulosediphosphat (RDP), Phosphoglycerinsäure (PGS), Triosephosphat und anderen Zuckern, nach *Calvin* (1956).

(H) = *reduzierendes Agens*
Ribulosediphosphat (RDP)

$CH_2O\ PO(OH)_2$
CO
$CHOH \quad\quad + {}^\bullet CO_2 \rightarrow$
$CHOH$
$CH_2O\ PO(OH)_2$

${}^\bullet C$ = *radioaktives Isotop* ^{14}C
Phosphoglycerinsäure (PGS)

$CH_2O\ PO(O)_2$
$CHOH$
${}^\bullet COOH$
$+$
(H)
$\downarrow$

Triosephosphat

$CH_2O\ PO(OH)_2 \quad CH_2O\ PO(OH)_2$
$CHOH \quad\quad\leftarrow \quad\quad CO$
${}^\bullet CHO \quad\quad\rightarrow \quad\quad {}^\bullet CH_2OH$

$$CH_2O\ PO(OH)_2$$
$$CO$$
$${}^\bullet CHOH$$
$${}^\bullet CHOH$$
$$CHOH$$
$$CH_2O\ PO(OH)_2$$

Fruktosediphosphat (FDP)

Die 6,8-Thioctinsäure (α-Liponsäure) $HOOC(CH_2)_4-\underset{\underset{S}{|}}{CH}\overset{CH_2}{\underset{\underset{S}{|}}{CH_2}}$ oder eine ähnliche

Verbindung ist nach Ansicht von *Calvin* wahrscheinlich der H-Akzeptor bei der photochemischen Primärreaktion $H_2O + h\nu \rightarrow [H] + \frac{1}{2}O_2$ (*O. Warburg*). Das daraus gebildete Dithiol kann seinen Wasserstoff auf andere Redoxsysteme und letztlich auf Phosphoglycerinsäure übertragen: $CO_2 + [H] \rightarrow (CO_2O)\varkappa$.

„Simplex semper est sigillum veri"; dieses Wort besagt gewiß nicht, daß ein komplizierter enzymatisch gesteuerter Vorgang oder Erscheinungskomplex durch „Simplifikation" den Stempel des Wahren erhält. Aber es schließt keineswegs vereinfachende Modellbetrachtungen (wie sie etwa *W. Kuhn* für die Umwandlung chemischer Energie in die mechanische Energie des Muskels durchgeführt hat) aus, sofern diese von dem Wissen geleitet werden, daß die Wirklichkeit hinter dem Modell durch das Zusammenspiel einer viel größeren Variablenzahl bedingt ist, als im Streben nach einer wirklichkeitsnahen Behandlung zur Zeit experimentell und theoretisch berücksichtigt werden kann.

Wenn z. B. eine wäßrige Eiweißlösung als Stromfaden im elektrischen Ablenkungsfeld auf ihre Bestandteile hin untersucht wird, dann kann man zwar bei Verwendung eines stabilisierenden Trägers ein sehr klares und theoretisch auswertbares Streifendiagramm erhalten, das aber möglicherweise nicht von der stofflichen Natur des Trägers unabhängig ist, sondern sich mit ihr verändert und bei trägerfreier Ausführung vielleicht ein ganz anderes Aussehen zeigt.

Setzt man voraus, daß die Struktur des Streifendiagramms bei Konstanthaltung aller sonstigen Versuchsbedingungen nur durch die Ladung und die Masse der gelösten Teilchen bedingt ist, so muß man sich doch fragen, ob nicht gerade diese Eigenschaften durch den experimentellen Eingriff in das sehr empfindliche Wechselspiel der kolloidkundlichen Variablen verändert wurden.

Bei dem herausgegriffenen Versuch ist nämlich nicht nur mit Störungen durch das Auftreten lokaler Neutralitätsänderungen innerhalb der Lösung zu rechnen, sondern auch mit „denaturierend" wirkenden Spreitvorgängen an der Phasengrenze „fest/flüssig", mit Umladungen, Siebeffekten und Änderungen der Teilchenform und -größe.

Erst die kritische Berücksichtigung dieser wichtigsten Störmöglichkeiten schafft die Voraussetzung zu einer vereinfachten und angenäherten Beschreibung, die dann das subjektiv Wesentliche in dem betreffenden Untersuchungsobjekt hervortreten läßt.

Bei allen kolloidkundlichen Objekten ist das vom Experimentator unbeeinflußte Ganze immer mehr als die Summe der durch das Experiment isolierten Teile.

Grenzen und Aufgaben der Kolloidchemie

Joachim Stauff [*])

Mit 2 Schemata und 1 Tabelle

Das Beispiel der *makromolekularen Chemie* zeigt in eindrucksvoller Weise, welchen Wert eine begrifflich einleuchtende Bezeichnung für die Ordnung und Beherrschung eines wissenschaftlichen Gebietes besitzt. Unter einem Makromolekül kann sich jeder etwas vorstellen, da es an die besonders dem Chemiker geläufige Vorstellung des Moleküls anknüpft. So ist es leicht, alles, was mit diesen Substanzen zusammenhängt, unter dem Gesichtspunkt der besonderen Substanzeigenschaft einzuordnen.

Die *Kolloidchemie* oder allgemeiner *Kolloidwissenschaft* hat nicht das Glück, bei der Bezeichnung ihres Wissensgebietes einen Namen oder Begriff verwenden zu können, aus dessen Anschaulichkeit sich von selbst die Abgrenzung und Ordnung des Gebietes ergibt. Es ist im Gegenteil ein ausgesprochenes Unbehagen zu verspüren, wenn man vor die Aufgabe gestellt wird, zu erklären oder zu erläutern, was denn Kolloidchemie eigentlich sei und was mit dem Wort „*Kolloid*" ausgedrückt werden soll. Irgendwie scheint mit den Begriffen im Bereich der Kolloidwissenschaft eine gewisse Unsicherheit verbunden zu sein, die vielerorts dazu geführt hat, ihnen nur einen bedingten Aussagewert zuzuschreiben. Hieran mögen einerseits die Gegenstände unserer Betrachtung — nämlich die kolloiden Systeme selbst — andererseits aber die historische Entwicklung schuld sein. Die Anschauungen über das Wesen der Kolloide änderten sich mehrmals im Laufe der Zeit. Der Begriff „kolloid = leimartig" ist zwar anschaulich begreifbar, trifft aber nicht den Kern, sondern bezeichnet nur einen Teil der Eigenschaften der Systeme, die wir heute als kolloid ansehen. Doch ist daran wohl nichts zu ändern. Weitere Unsicherheiten entstanden, als neuere Anschauungen ältere Erkenntnisse überwucherten, ohne auf sie Rücksicht zu nehmen, wobei wahrscheinlich soziologische Mechanismen der Meinungsbildung, die durch die weithin sichtbaren Erfolge der makromolekularen Chemie ausgelöst wurden, eine Rolle spielten. Dies mag zum großen Teil auf ungenügende Unterrichtung zurückzuführen sein, vielleicht auch darauf, daß die Beschäftigung mit den Grundlagen eines Wissensgebietes zu etwas führt, woran man nicht gerne rüttelt.

Es gibt jedoch keine Wissenschaft oder auch nur Teilgebiete einer Wissenschaft, die sich ersparen kann, über ihre fundamentalen Begriffe von Zeit zu Zeit nachzudenken und sie neu zu formulieren. Wenn sie sich einigermaßen ernst nimmt, muß sie diese Formulierungen dem Stand der zeitgemäßen Erkenntnis anpassen, und ihre Zweckmäßigkeit diskutieren. Ebenso wie wir unser Weltbild im großen

---
*) Erstmals erschienen in: Kolloid-Z. **168**, H. 1, 1 (1960).

dauernd entsprechend neueren Erkenntnissen korrigieren müssen, ist es notwendig, das gleiche für ein engbegrenztes Wissensgebiet zu tun. Im Rahmen des größeren Gebietes ist für Ordnung und Übersehbarkeit des kleineren zu sorgen; es müssen — vielfach neue — Begriffe so gut gefaßt werden, daß sie auch gut lehrbar sind. In immer neuen Bemühungen sollte versucht werden, immer bessere Klarheit zu schaffen, damit es auch denen, die es lernen sollen, hinreichend klar gemacht werden kann.

Wie steht es nun mit dem Begriff „kolloid"? Das Adjektiv „kolloid" bezeichnet eine Eigenschaft der Materie; „kolloider Zustand" ist seit langer Zeit eine treffende Definition *(Wo. Ostwald, von Weimarn)* für einen allgemein möglichen Zustand der Materie. Gebraucht man „Kolloid" als Substantiv, so sollte es wohl eine Substanz bezeichnen, die sich im kolloiden Zustand befindet. Im Sprachgebrauch wird das jedoch im allgemeinen nicht beachtet. Schwerwiegender ist, daß sich mit dem Begriff „kolloid" nicht gleichzeitig Anschauliches und Treffendes verbinden läßt. Wie allgemein in solchen Fällen, bleibt dann nichts anderes übrig, als ihn durch *Definition* festzulegen.

Ein *erster Vorschlag* geht nun dahin, den Begriff „kolloider Zustand" oder „kolloides System" so exakt wie möglich und entsprechend unseren heutigen Kenntnissen und Einsichten zu definieren. Es sei daher vorgeschlagen, den Begriff „Kolloid" in *erster Linie* als *Eigenschaft* anzusehen. In *zweiter Linie* soll es einen *Zustand* — und nicht eine Substanz — charakterisieren. Benutzt man es dennoch als *Substantiv,* so soll es eine *Substanz* bezeichnen, die sich im *kolloiden Zustand* befindet.

Hier beginnen die ersten Schwierigkeiten; es fragt sich nämlich, ob das Substantiv auch Substanzen bezeichnen soll, die sich zwar nicht ausschließlich, aber unter geeigneten Umständen im kolloiden Zustand befinden können. Sind Makromoleküle in reinem Zustand Kolloide? Oder nicht etwa erst, wenn sie aus dem reinen in den kolloiden Zustand übergegangen sind? Sind etwa Seifen in kristallisiertem Zustand Kolloide? Sind sie es nicht erst, wenn ihre Moleküle sich in wäßrigen Medien zu Assoziaten zusammenschließen? Es wäre wohl zweckmäßig, den Ausdruck „Kolloid" als Substantiv der Substanz in kolloidem Zustand vorzubehalten. (Allenfalls können solche Substanzen, die von sich aus in den kolloiden Zustand ohne äußeres Zutun übergehen — also Makromoleküle und Assoziationskolloide — als *„kolloide Stoffe"* oder *kolloide Substanzen* bezeichnet werden.)

Wie sind nun *kolloide Systeme* zu definieren? Hier genügt eine rein sprachliche Begriffsbildung nicht mehr, hier müssen physikalisch-chemische und morphologische Vorstellungen weiterhelfen. Am Anfang der Definition muß der Satz von *Wolfgang Ostwald* stehen: *„Kolloide Systeme sind disperse Systeme".* Ein solches System verlangt automatisch das Vorhandensein von

1. einem Dispersionsmittel zur Einbettung,

2. einer Substanz, die darin dispergiert ist.

Das System kann bekanntermaßen kohärent oder inkohärent sein, mit anderen Worten dem Typus des *Gels* oder des *Sols* angehören. Dispersionsmittel und dispergierte Substanz können aus einer oder mehreren Komponenten bestehen. Nun kommen jedoch disperse Systeme so allgemein in der Natur vor, daß wir sie überhaupt nicht mehr als solche wahrnehmen. Bei näherer Betrachtung ist es jedoch nicht schwer, zu entdecken, daß die wirklich materielle Welt, die uns umgibt und einschließt, aus dispersen Systemen besteht. Kaum jemand hat so oft darauf hingewiesen wie *Wolfgang Ostwald*, leider wird es aber immer wieder vergessen.

Wodurch zeichnen sich nun kolloide Systeme innerhalb der dispersen Systeme aus? Die übliche Antwort lautet: „Durch die besondere Dimension ihrer dispergierten Substanz". Kann aber eine Dimension in einer Reihe von allen möglichen Dimensionen überhaupt etwas Auszeichnendes und Hervorhebendes sein? Im allgemeinen doch nur, wenn sie den menschlichen Maßen und Sinneswahrnehmungen besonders gut liegt. Im besonderen hingegen nur dann, wenn sie durch eine Übereinkunft festgelegt wird. Bekanntlich werden solche Systeme als kolloid bezeichnet, in denen die dispergierte Substanz größer als 1 und kleiner als etwa 200 mµ ist. Die Begrenzung wurde zu einer Zeit ausgesprochen, wo bestimmte, dem damaligen Stand der Experimentiertechnik entsprechende Beobachtungsinstrumente eine solche Abgrenzung als sinnvoll erscheinen ließen. Das waren die *feinsten Membranen (Ultrafilter)* für die untere Grenze und das *Ultramikroskop* (physikalisch genauer: Die *Dunkelfeldbeleuchtung* im Mikroskop) für die obere Grenze. Heute besitzen wir in den modernen Hilfsmitteln – z. B. im *Elektronenmikroskop* – Instrumente, die sowohl kleinere als auch größere Dimensionen dieser Begrenzung erkennen lassen, ohne daß ein besonderer Einschnitt zu bemerken wäre. Die Schwierigkeiten treten besonders kraß hervor, wenn es sich um Gele handelt, oder um Makromoleküle, deren Dimension in einer Richtung die untere, in der anderen die obere Grenze überschreiten. Wo soll der *Maßstab* angelegt werden?

Ein anderer Versuch benutzt zur Kennzeichnung die *spezifische Grenzfläche* (m. a. W. das Verhältnis Grenzfläche zu Volumen eines Körpers) als ordnenden Maßstab. Notwendigerweise müssen alle dispersen Systeme eine große spezifische Grenzfläche besitzen, doch sind leider nicht alle Systeme mit großer spezifischer Grenzfläche auch disperse Systeme, wie z. B. ein sehr großer Film oder ein sehr langer Faden. *Wo. Ostwald* führte daher eine neue Klasse ein: Die *difformen Systeme*. Wollte man sie berücksichtigen, müßten die Voraussetzungen für das Vorliegen eines kolloiden Systems dahingehend erweitert werden, daß es auch aus einem difformen System bestehen kann. Obwohl dadurch eine Unklarheit entsteht, ist das weniger entscheidend als die Schwierigkeiten, in die man mit dem Begriff „*Grenzfläche*" kommt, wenn die aneinander grenzenden Stoffe sehr kleine Krümmungsradien besitzen. Wo etwa ist der geometrische Ort der Grenzfläche, wenn sich die Ausdehnung des betrachteten Körpers molekularen Dimensionen nähert? Zwar geht der Begriff „*Grenzschicht*" noch etwas weiter, doch entstehen auch hier Schwierigkeiten, wenn etwa Begriffe wie *Grenzflächenspannung* verwendet werden, da diese eine Grenzschicht voraussetzen, deren Dicke vernachlässigbar klein gegen den Krümmungsradius ist. Gerade das ist bei dispersen Systemen immer der Fall! Wenn man aber die geläufigen physikalischen Beziehungen nicht mehr verwenden kann und das Merkmal, was das kolloide System kennzeichnen soll, selbst fragwürdig wird und zudem durch die Existenz difformer Systeme Mehrdeutigkeiten auftreten, wie soll dann die spezifische Grenzfläche als Ordnungsprinzip funktionieren können?

Dann sind schon Angaben wie die *Staudingers* – von ihm für Molekülkolloide (*Makromoleküle*) formuliert (1), aber ohne weiteres auf alle Kolloide zu erweitern —, daß die dispergierte Substanz etwa 10^3–10^9 Atome besitzen müsse, insofern sinnvoller, als das die Aussage eines großen Erfahrungsschatzes ist.

Da jedoch Ordnungsprinzipien erst dann allgemein befriedigen, wenn sie sich aus einer umfassenden Ordnung sinnvoll und eindeutig ergeben, und das bei den bisherigen Versuchen wohl nicht so recht zutrifft, soll eine *andere Definition* disperser und kolloider Systeme zur Diskussion gestellt werden, die sich aus der *Theorie der Mischungen* ergibt.

Alle materiellen Mischungen aus zwei strukturell verschiedenen Bestandteilen (z. B. Molekülen), deren kleinste in der Mischung vorkommende selbständige (kinetische) Einheiten, die Volumen V_1 und V_2, besitzen, kann man durch das nachfolgende Schema beschreiben:

$$1 < \frac{V_2}{V_1} < \infty.$$

$V_2/V_1 = 1$ kennzeichnet eine *homogene Mischung* (im Sinne klassischer Thermodynamik). Wenn keine Wechselwirkungen zwischen den Bestandteilen 1 und 2 auftreten, nennt man sie ideale Mischung.

$V_2/V_1 = \infty$ kennzeichnet ein *heterogenes aus zwei Phasen bestehendes System*, ∞ bedeutet hier nur eine im Vergleich zu V_1 sehr große Zahl.

$1 < V_2/V_1 < \infty$ kennzeichnet ein *beliebiges disperses System zwischen homogener Mischung und heterogenem System.*

Die Substanzen 1 und 2 sind im allgemeinen nicht gleich. 1 als die mit den kleinsten Einheiten soll als Dispersionsmittel, 2 als dispergierte Substanz bezeichnet werden. 1 und 2 können *chemisch* aus der gleichen Substanz — also aus einer Komponente — bestehen, müssen sich aber zumindesten in verschiedenen Aggregatzuständen befinden (Beispiele: Wasser — Wasserdampf, Eis — Wasser, Kristallite einer Modifikation, dispergiert in einer amorphen Form des gleichen Stoffes). Wenn das nicht der Fall ist und eine reine Substanz und keine Mischung vorliegt, sollte das System nicht als disperses bzw. kolloides System angesehen werden.

Diese *Definition des dispersen Systems* liefert auch die notwendige Voraussetzung für die *Definition des kolloiden Zustandes*, die die Voraussetzung der großen spezifischen Grenzfläche einschließt, wie leicht einzusehen ist. Doch ist die Forderung des Vorliegens eines dispersen Systems für die Charakterisierung des kolloiden Systems noch nicht hinreichend. Eine Zuckerlösung ($V_2/V_1 < 1$!) ist ebensowenig ein kolloides System wie 20 Kieselsteine, die sich in einem Topf mit Wasser befinden ($V_2/V_1 < \infty$!).

Es sind also noch *weitere Kennzeichnungen* nötig. Zunächst die *obere Abgrenzung*. Was unterscheidet das kolloide System von einer grobdispersen Verteilung? Doch wohl am auffälligsten die mit der Zuckerlösung gemeinsame Eigenschaft, daß man es wie jede Mischung in verschiedenen Konzentrationen herstellen kann. — Eine Emulsion kann man verdünnen, eine Proteinlösung konzentrieren, ein Gel kann quellen oder schrumpfen. Hierbei ändert sich außer der Zusammensetzung eine wichtige Zustandsgröße des Systems, nämlich diejenige, die seinen Ordnungsgrad beschreibt und die in der Thermodynamik als Entropie, in diesem Spezialfall als Mischungsentropie ΔS bezeichnet wird. Wenn kolloide Systeme Mischungen mit variabler Zusammensetzung sind, müssen sie notgedrungen eine Mischungsentropie besitzen, die merklich von 0 verschieden ist. Wenn S_{01} die Entropie der reinen Komponente 1 (Dispersionsmittel) und S_1 ihre partielle molare Entropie in der Mischung ist, so ist die Mischungsentropie durch die Gleichung

$$\Delta S_1 = S_1 - S_{01}$$

definiert. Die Forderung $\Delta S_1 > 0$ besagt, daß sich beim Zusammengeben von 1 und 2 ein Zustand einstellt, dessen Ordnung durch die Verteilung beider Substanzen auf ein größeres gemeinsames Volumen kleiner geworden ist bzw. daß ihre Unordnung größer geworden ist. (In gleicher Weise ist für die dispergierte Substanz: $\Delta S_2 > 0$.) Wenn auf die im Wasser befindlichen Kieselsteine weiteres Wasser gegossen wird, ändert sich S_1 praktisch überhaupt nicht. Das gleiche gilt für einen Film oder Faden oder ein starres Netzwerk bzw. einen starren Porenkörper in Berührung mit einer Flüssigkeit, wie leicht einzusehen ist.

Damit hat man die Möglichkeit zur Abgrenzung nach *oben* zum grobdispersen System. Wenn ΔS_1 unmerklich klein und belanglos oder vernachlässigbar wird, gelten die Gesetzmäßigkeiten des Zweiphasensystems, vorausgesetzt, daß die spezifische Grenzfläche klein genug ist. Es bietet sich aber auch die Möglichkeit der Abrenzung zu einem difformen System, also einen solchen mit großer spezifischer Grenzfläche, wie aus den nachfolgenden Schemata ohne weitere Erläuterung hervorgeht.

	Kohärentes System	
Reiner Stoff, (Xerogel)	*Quellbares Gel*	
$V_2/V_1 \approx \infty$, $\Delta S_1 = 0$	$1 < V_2/V_1 \leqq \infty$	
	$\Delta S_1 > 0$	
Starres Gel, Porenkörper		
$V_2/V_1 \leqq \infty$		
$\Delta_1 S = 0$		

	Inkohärentes System	
Reiner kompakter Stoff, grobdisperses System	*Kolloides System*	*Homogene Mischung*
$V_2/V_1 \approx \infty$, $\Delta S_1 = 0$	$1 < V_2/V_1 < \infty$	$V_2/V_1 \geqq 1$
	$\Delta S_1 > 0$	$\Delta S_1 > 0$
Difformes System		
$V_2/V_1 \leqq \infty$, $\Delta S_1 = 0$	$N = jZ$	$N = Z$
$N = j$	$j \gg 1, Z \gg 1$	$j = 1$
$Z = 1$		

Die Grenzen zur kompakten Materie und zu solcher mit großer Grenzfläche sind für inkohärente und kohärente Systeme gleich. Aus dem Schema geht hervor, daß die Bedingung $V_2/V_1 < \infty$ noch nicht genügt, denn Gele, deren Gerüstvolumen (V_2) aus sehr vielen Bausteineinheiten bestehen kann, können der Bedingung $V_2/V_1 = \infty$ nahe kommen. Erst $\Delta S_1 > 0$ unterscheidet ein quellbares Gel vom starren Porenkörper. Die gestrichelten Linien deuten an, daß die Grenzen nicht scharf sind.

Wie sind nun die Abgrenzungsmöglichkeiten nach *unten?* Zunächst ist zu beachten, daß kohärente Systeme keine untere Grenze besitzen, es sei denn, sie gehen durch Auflösung in ein inkohärentes System über; für sie genügen daher die beiden bisher genannten Kriterien. Die Diskussion der unteren Grenze kann daher auf inkohärente Systeme beschränkt werden.

Nun läßt sich jedes inkohärente disperse System durch eine triviale Beziehung kennzeichnen. Sie lautet

$$N = j \cdot Z,$$

worin N bei Dispersionskolloiden die Zahl der Einzelmoleküle, Z die Zahl der Partikeln und j die Zahl der Einzelmoleküle je Partikel bedeutet; bei Makromolekülen ist N die Zahl der Grundmole (Monomeren), Z die Zahl der Makromoleküle und j die Zahl der Monomeren je Molekül (u. U. = Polymerisationsgrad). Nun muß im Grenzfall für Mehrphasensysteme Z = 1 und N = j sein (z. B. Benzol — Wasser in zwei Schichten) sowie für homogene niedermolekulare Mischungen j = 1 und N = Z (Zuckerlösung), so daß für kolloide Systeme folgt:

$$j \gg 1, Z \gg 1.$$

Es ist wohl einleuchtend, daß das Zeichen $\gg$ verwendet wird, denn Aggregate aus vier Molekülen, Polymerisate aus zehn Monomeren oder ein Polypeptid aus zwölf Aminosäuren werden allgemein wohl noch nicht als kolloid bezeichnet[1]). Ebensowenig wie zwanzig Kieselsteine in Wasser ein kolloides System sind.

Mit Hilfe dieser Bedingungen läßt sich nun das Gebiet der kolloiden Systeme begrifflich klar abgrenzen und eine rationelle Beschreibung ihrer Eigenschaften aufbauen. Insbesondere gibt es bei der Thermodynamik keine grundsätzlichen Schwierigkeiten mehr, besonders wenn statistische Methoden hinzugezogen werden. [Beispielsweise liefert uns die statistische Theorie der Mischungen ohne weiteres die Abhängigkeit der Größe ΔS_1 von j und Z (2)].

Nun enthält die Vorschrift $\gg$ zwar keine qualitative, doch eine quantitative Unbestimmtheit, indem sie dem Beobachter oder Beurteiler überläßt, wann er die Vorschrift als gültig oder nicht gültig ansehen will. Es läßt sich nicht vermeiden, daß an dieser Stelle subjektive Faktoren mit ihrem ganzen Gewicht mitbestimmend werden. Je nach seiner Herkunft, nach seinen Denkgewohnheiten und seinen assoziativen Leitbildern wird der eine Beobachter die Grenze weiter oder enger als der andere stecken, was sogar so weit gehen kann, daß das Gebiet überhaupt nicht mehr bemerkt wird.

Der Anhänger der Grenzflächen-Charakteristik wird noch dort mit Begriffen wie *Grenzflächenspannung* und *Absorption* operieren, wo sie bereits ihren physikalischen Sinn verloren haben, und der Lösungstheoretiker noch Zusatzglieder für seine Zustandsgleichungen suchen, wo bereits eine andere Betrachtungsweise — nämlich die des Zweiphasensystems — sinnvoller ist.

Das liegt in der Natur der Objekte, die zu beschreiben sind; man kann eher genau sagen, wenn ein System bestimmt *nicht* mehr kolloid ist, als angeben, wann es kolloid ist. Z. B. sind athermische oder irreguläre Mischungen nicht ohne weiteres

---

[1]) Das kommt auch in der Definition *Staudingers* zum Ausdruck, vgl. oben.

als kolloide Systeme anzusehen, kolloide Mischungen müssen aber immer mindestens irregulär oder athermisch sein. Systeme mit großer spezifischer Grenzfläche brauchen nicht unbedingt kolloid zu sein, wohl aber haben kolloide Systeme immer eine große spezifische Grenzfläche.

Weitere Schwierigkeiten der Abgrenzungen entstehen dadurch, daß die Grenzen je nach der betrachteten Eigenschaft an verschiedenen Stellen für den Beobachter bemerkbar werden. Wenn wir beispielsweise die Dampfdruck- oder Löslichkeitsänderung kleiner monodisperser Tröpfchen nach der bekannten *Thomson*schen Gleichung betrachten, so gilt für ihren Dampfdruck (2):

$$p = p_0 + p_0 \left(\frac{2\,\gamma\,V_{L_0}}{RT\,(d\,\Omega/dV)} + \frac{4\,RT}{j} \right),$$

(p_0 = Dampfdruck der reinen Phase, γ = Grenzflächenspannung, V_{L_0} = Molvolumen der reinen Phase, Ω = Grenzfläche, V = Volumen der Tröpfchen, j = Zahl der Moleküle je Tröpfchen).

die von der klassischen Form insofern abweicht, als hier auch die Mischungsentropie der Tröpfchen, die sich ja formell wie Gasmoleküle verhalten, berücksichtigt ist. Eine numerische Ausrechnung, die in der Tabelle 1 [2]) niedergelegt ist, zeigt jedoch, daß die Änderungen, die durch die kolloide Zerteilung der Substanz — hier des Wassers — hervorgerufen werden, nur sehr gering sind und erst dann merkliche Beträge annehmen, wenn die Teilchen sehr klein sind. Sowohl der Term, der von der Grenzflächenspannung, als auch der, der von der Mischungsentropie herrührt, sind Zusatzgrößen erster und zweiter Ordnung und brauchen bis zu sehr kleinen Partikeln überhaupt nicht berücksichtigt zu werden. Für das Gesamtverhalten — hier den gesamten Dampfdruck — ist die kolloide Zerteilung praktisch belanglos und kann meistens vernachlässigt werden. Der Übergang zu einem besonderen Gebiet liegt in bezug auf das Gesamtverhalten immer dann bei sehr kleinen Partikelgrößen (bzw. j), wenn die *„kolloiden Zustandsgrößen"* nur als korrigierende Zusatzterme auftreten.

Tabelle 1
(H_2O, 100° C)

d_j in mμ	j	$4\,RT/j$	Dampfdruckerhöhung [*]) in %	
			mit Berücksichtigung von $4\,RT/j$	ohne
1,9	100	$4 \cdot 10^{-2}$	114,5	106
3,85	1000	$4 \cdot 10^{-3}$	42,5	42,0
8,3	10^4	$4 \cdot 10^{-4}$	17,9	17,8
19	10^5	$4 \cdot 10^{-5}$	7,96	7,95
38,5	10^6	$4 \cdot 10^{-6}$	3,61	3,609
190	10^8	$4 \cdot 10^{-8}$	0,7	0,7
830	10^{10}	$4 \cdot 10^{-10}$	0,16	0,16

[2]) Entnommen aus *J. Stauff*, Kolloidchemie loc. cit. (2).
[*]) $100\,[(p_j/p_0) - 1]$.

Nun ist aber durch den Augenschein unmittelbar überzeugend wahrzunehmen, daß eine Wolke etwas anderes ist als das Meer, obwohl beide im wesentlichen aus Wasser bestehen. Das liegt daran, daß die optischen Eigenschaften oder auch die Fallgeschwindigkeit von Tröpfchen Funktionen von Z oder j sind, in denen diese *nicht als Zusatzterme* auftreten. Die Konsequenz hiervon ist, daß das System etwa einen endlichen osmotischen Druck besitzt, eine deutlich wahrnehmbare Lichtstreuung verursacht, usw. Hier liegen die Grenzgebiete bei anderen Werten von Z und j als beim Dampfdruck und ähnlichen Zustandsgrößen, die integrale Eigenschaften des Systems beschreiben.

Zu beachten ist ferner, daß die Grenzübergänge konzentrationsabhängig sein können. Z. B. gilt nach *Tompa* (3) für die freie Mischungsenthalpie sehr verdünnter irregulärer Mischungen:

$$\frac{\Delta\mu_1}{RT} = \frac{\varphi_2}{j} + \left(\chi_h + \chi_s - \frac{1}{2}\right)\varphi_2{}^2 + \cdots$$

Hierin ist φ_2 = Volumenbruch = $Z/(N_1 + jZ)$, wenn $V_2/j \simeq V_1$ ist. χ_h repräsentiert die Energieglieder, χ_s die Entropieglieder.

Wenn $\chi_s = 0$ und $\chi_h = {}^1/_2$ ist, wird das ideale *van't Hoff*sche Gesetz erreicht! Da das im allgemeinen nicht der Fall ist, muß

$$\varphi_2{}^2 \ll \varphi_2/j$$

sein, wenn Idealität herschen soll, was aber von der Konzentration — also von Z — abhängt.

Diese Gedankengänge und Formulierungen sind zwar etwas abstrakt, haben aber den Vorteil, daß sich die begrifflichen Abgrenzungen des Gebietes der kolloiden Systeme eindeutig von selbst ergeben. Um es noch einmal in Worten zusammenzufassen: *Kolloide Systeme sind disperse Systeme, in welchen mindestens eine Substanz in einer anderen verteilt ist und dessen Mischungsentropie einen merklich von 0 verschiedenen Wert besitzt.* Von den Mehrphasen- oder grobdispersen Systemen unterscheiden sie sich eben durch diese Mischungsentropie; inkohärente Systeme unterscheiden sich von jenen und den homogenen Lösungen dadurch, daß die Zahl ihrer dispergierten Partikeln und die Zahl der in den Partikeln enthaltenen Elementarbausteine wesentlich größer als 1 ist.

Daß eine quantitative Begrenzung hier nicht scharf definierbar ist, liegt eben daran, daß es keine gibt. Es gibt nur eine Vorschrift, die besagt, daß etwas „größer oder kleiner als" etwas anderes scharf Definierbares sein soll.

Vielleicht wird der hier zur Diskussion gestellte Vorschlag für die Plazierung der Grenzübergänge kolloider Systeme nun als einengend empfunden. Soll man aber in der Wissenschaft über Gebietsgrenzen rechten? Etwa darüber, welche Forschungsgebiete zur Kolloidchemie gehören und welche nicht? Ist es nicht selbstverständlich, daß beispielsweise das Verständnis der *Grenzflächenerscheinungen* — wie etwa Grenzflächenfilme oder Adsorptionserscheinungen —, obwohl sie nicht *notwendigerweise* kolloide Systeme betreffen, zu ihrer Beschreibung und für das Verständnis ihres Verhaltens sehr wesentlich sind? Mit ihnen muß sich der Kolloidchemiker ausgiebig beschäftigen, genauso wie etwa mit der *Statistik,* der *Thermodynamik,* der *Elektrochemie* oder den *Röntgenmethoden zur Strukturanalyse,* obwohl diese bestimmt nicht als Gebiete der Kolloidchemie angesehen werden.

Eine andere oft diskutierte Frage ist, ob etwa das Forschungsgebiet der *makromolekularen Chemie* mit dem der Kolloidchemie identisch ist. Makromoleküle brauchen natürlich nicht notwendigerweise im kolloiden Zustand vorzuliegen; sie können aber Bestandteile kolloider Systeme sein, z. B. in Lösung oder als quellbares Gel. Dann sind sie auch Gegenstand der Kolloidchemie, eine Auffassung, von der auch *Staudinger* (1) ausgegangen ist. Das Verhalten der Makromoleküle in anderen als kolloiden Zuständen — z. B. im reinen Zustand — kann aber sehr wichtig und aufschlußreich auch für ihr Verhalten im kolloiden Zustand sein und umgekehrt. Deswegen wird man sich auch damit beschäftigen müssen, ohne es gleich unmittelbar als Domäne der Kolloidwissenschaft anzusehen.

Was für die Grenzflächenchemie und makromolekulare Chemie gilt, gilt ebenso für die *anorganische Chemie, Biochemie, Physik, Biologie* und andere Disziplinen. Auch gilt es ganz allgemein für jedes Wissensgebiet; es ist nicht möglich, ein Gebiet gründlich zu erforschen, ohne gleichzeitig die Grenzgebiete mit zu berücksichtigen.

Aus der Begrenzung ergeben sich fast zwangsläufig, aber nicht einengend, die *Aufgaben der Kolloidchemie.* Zunächst ist ganz generell, wie in jedem wissenschaftlichen Teilgebiet, die Aufklärung der Besonderheiten kolloider Zustände selbstverständlich und erhält auch dauernden Antrieb durch die elementare Neugier des Wissenschaftlers selbst.

Selbstverständlich sollte es aber sein, daß sich die Ordnung dieser Besonderheiten an die *allgemeine Ordnung der Physik und Chemie* anschließt und sich nicht damit begnügt, die empirischen Ergebnisse in einer eigenen und nur für diesen besonderen Zweck gültigen Formulierung darzustellen. *Die Kolloidchemie sollte keine eigene Sprache sprechen,* sondern von allen verstanden werden können, und sich daher in einer Sprache ausdrücken, die in der exakten Naturwissenschaft anerkannt ist und für die ausreichende Vokabeln zur Verfügung stehen. Erhebliches ist hier bereits geleistet worden — besonders was Makromoleküle anbetrifft —, doch fehlt noch viel, z. B. eine *allgemeine* Thermodynamik oder statistische Thermodynamik kolloider Zustände, die nicht nur für Makromoleküle gilt, eine Reaktionskinetik in kolloiden Systemen, die sowohl die Koagulationserscheinungen als auch die Enzymkinetik umfaßt, und anderes mehr.

Mit der Aufgabenstellung — besonders wenn sie weiter gefaßt werden soll — hängt aber die Frage zusammen, ob sich der ganze Aufwand überhaupt lohnt, wo es sich doch nur um einen speziellen Fall eines Mischungssystems handelt, der einer von vielen ist. Es gibt aber außer dem allgemeinen Grund, erkenntnisfördernd zu wirken, einige besondere, die für die Aufgabenstellung der Kolloidwissenschaft von Bedeutung zu sein scheinen, obwohl auch sie nur einige von vielen sind.

Die Materie in unserer wirklichen Umwelt befindet sich nur ausnahmsweise in reinem Zustand, im Zustand einer homogenen Mischung oder eines idealen Mehrphasensystems. Diese Zustände kommen fast nur in den Laboratorien der Chemiker und manchmal in der Technik vor. Sie werden angestrebt, um besondere technische Ziele damit erreichen zu können. *Wo. Ostwald* wies bereits darauf hin, daß der häufigste Zustand der Materie der des dispersen Systems zu sein scheint.

In der realen Welt der Gase, der Flüssigkeiten und der festen Stoffe finden sich meist Strukturierungen durch unerwünschte Beimengungen feinverteilter Materie. Bei der Entstehung organischer und unorganischer Materie differenzierter Struktur bilden sich die ersten Struktureinheiten, die für die Eigenschaften der Materie beherrschend werden können, im kolloiden Zustand aus. Eine wichtige Aufgabe scheint daher in einer *vernünftigen Beschreibung der realen Materie unserer Umwelt* zu liegen.

Was das bedeuten soll, wird am eindrucksvollsten durch das Beispiel der lebenden Materie demonstriert. Der lebende Organismus bedient sich zur Entfaltung seines Wesens des kolloiden Zustandes! Hierbei ist es müßig zu fragen, ob das notwendig ist. In unserem planetarischen Bereich ist jedenfalls die Tätigkeit eines noch so primitiven Organismus mit dem kolloiden Zustand verknüpft.

Jeder lebende Organismus stellt — physikalisch-chemisch gesehen — ein sogenanntes *offenes System* dar. Es zeichnet sich dadurch aus, daß in einem begrenzten Raum bestimmte Materie verschiedenartiger Zusammensetzung so angeordnet ist, daß sie fortlaufend an chemischen Umsetzungen teilnehmen kann, ohne dabei selbst zu verschwinden. Im Gegensatz zum geschlossenen System werden bei diesen Umsetzungen nicht nur Arbeit und Wärme, sondern auch Materie mit der Umgebung ausgetauscht. Damit das System aber Bestand hat und seine materiellen Bestandteile, wie Strukturelemente, Enzymkatalysatoren, Regulatoren usw., nicht in die Umgebung hinausdiffundieren, müssen sie Eigenschaften besitzen, die sie an den Raum ihres Wirkens binden. Andererseits müssen die Grenzen dieses Raumes für diejenigen Substanzen, die mit der Umgebung ausgetauscht werden sollen, durchlässig sein. Die einfachste Verwirklichung eines solchen Mechanismus ist der von einer Membran umschlossene Raum, in welchem Partikeln von einer Größe eingeschlossen sind, die die Membran nicht passieren können; da jedoch die Membran Stellen besitzt, die kleinere Moleküle ein- und austreten lassen, ist ein Materieaustausch mit der Umgebung möglich. Ein anderes Modell wäre die Fixierung der Materie in einem Gel ohne Membran, wo ebenfalls Reaktionsteilnehmer ausgetauscht werden können. Notwendige Voraussetzung für das Funktionieren des offenen Systems ist eine Differenzierung in nicht austauschende und austauschende Materie, die in ihrer allereinfachsten Ausführung durch Bildung eines kolloiden Systems verwirklicht werden kann. Ohne sie ist kein Innen und Außen möglich und die kinetischen Voraussetzungen für die Reaktionsabläufe in einem offenen System nicht gegeben.

Nun ist die Kenntnis der Konstitution, Größe, Struktur usw. der aufbauenden Elemente eines lebenden Organismus — z. B. einer Zelle — sowie ihre Menge und Anordnung bei weitem nicht hinreichend für die Kennzeichnung ihres Zustandes. Erst die Gegenwart des wäßrigen Milieus, erst die Faktoren, die durch die Wechselwirkungen aller aufbauenden Einheiten mit dem Dispersionsmedium und untereinander wirksam werden, geben ein vollständigeres Bild. Erst das *System,* als von allen beteiligten Komponenten abhängiger *Zustand,* der zudem noch von dynamischen Größen abhängig ist, ist kennzeichnend, wenn wir auch noch weit davon entfernt sind, die fraglichen Faktoren zu kennen, die dem System dasjenige einhauchen, was wir Leben nennen. Hier ist aber etwas typisch; der *Zustand* der Materie ist entscheidend und nicht die Materie selbst; insbesondere der kolloide Zustand ist Lebensnotwendigkeit für das Funktionieren der Reaktionsabläufe.

Jede Beeinflussung oder Abänderung würde für den Organismus weitreichende Folgen haben und seine Funktionen stören. Kann man sich eine augenfälligere Demonstration der Bedeutung eines Zustandes, insbesondere des kolloiden Zustandes denken?

Bereits einfache Modellsysteme von Bestandteilen lebender Zellen, etwa Proteinen und Nukleinsäuren, hängen in ihrem Verhalten in komplizierter Weise vom Volumen, p_H-Wert, Elektrolytgehalt, Temperatur und anderen Faktoren des Dispersionsmittels ab. Wenn man bedenkt, wie wenig wir trotz vieler Arbeit bloß in diesen Fällen wissen und wie viele Kenntnisse noch erforderlich sind, um die Verhältnisse im lebenden System zu verstehen, so ergibt sich schon allein daraus eine Unzahl ungelöster Aufgaben. Bedeutungsvoll scheint zu sein, daß sie sich notgedrungen nicht mit Substanzen, sondern mit *Systemen* beschäftigen müssen. Mit Ganzheiten, die nicht auseinanderreißbar sind und nur als Ganzes verstanden werden können.

Grundsätzlich ähnliche, wenn auch einfachere Aufgaben ergeben sich in vielen anderen Bereichen der Kolloidchemie; den Dispersionskolloiden — z. B. im Zusammenhang mit dem Verständnis ihrer Stabilität —, den Assoziationskolloiden — die nur infolge der Eigenschaften eines bestimmten Dispersionsmittels Assoziate bilden —, dem Verhalten von Fadenmolekülen in Abhängigkeit von der Dispersionsmittelzusammensetzung und in diesem Zusammenhang der Ermittlung ihrer Molekülparameter, die für die Technik der Kunststoffe so bedeutungsvoll ist. Diese Aufzählung läßt sich fast beliebig erweitern.

Es ist daher nicht zu befürchten, daß die Definition des Begriffs „kolloid" als Adjektiv eine Beschränkung ist; sie mag oberflächlich als solche erscheinen. Doch ist beim näheren Hinsehen der Gewinn an Tiefe unschwer zu erkennen. Weder Bedeutung noch Aufgabenstellung scheinen darunter zu leiden, und schließlich ist auch der nicht zu unterschätzende Gewinn von der Hand zu weisen, daß sich darauf eine leichter begreifbare und lehrbare Ordnung aufbauen läßt.

Literatur

[1]) H. *Staudinger*, Organische Kolloidchemie, 5, Auflage, (Braunschweig 1954).
[2]) J. *Stauff*, Kolloidchemie (Berlin — Göttingen — Heidelberg 1960).
[3]) H. *Tompa*, Polymer Solutions (London 1956).

Lexikalisches zum Stichwort Kolloidchemie

Erhard Uhlein[*])

Mit 1 Abbildung und 3 Tabellen

Kolloidchemie (Kolloidik, Kolloidlehre) ist die Wissenschaft von einem bestimmten *Zerteilungsgrad* (Dispersionsgrad, von dispergere = auseinanderstreuen) der Materie. In den Suspensionen und in den Emulsionen haben wir es mit sog. *dispersen Systemen* zu tun; bei diesen ist ein Stoff in mehr oder weniger feine Teilchen zerteilt, die sich in einem geschlossenen, einheitlichen, zweiten Stoff befinden, der zerteilte (dispergierte) Stoff heißt auch *Dispersum,* der im Überschuß vorhandene, geschlossen zusammenhängende dagegen *Dispergens* oder *Dispersionsmittel.* Im obigen Fall bilden die Öltröpfchen der Emulsionen bzw. Tonteilchen der Suspensionen das Dispersum; Wasser war das Dispergens oder Dispersionsmittel. Disperse Systeme mit festen oder flüssigen, in Wasser oder anderen Flüssigkeiten dispergierten Teilchen sind bei weitem am wichtigsten und häufigsten; daneben können aber auch feste und gasförmige Dispersionsmittel auftreten, so daß sich das folgende Schema ergibt.

Diese Einteilung läßt erkennen, daß man unter „Kolloiden" alle diejenigen dispersen Systeme versteht, bei denen die dispergierten Teilchen eine Durchschnittsgröße von etwa 10^{-5} bis 10^{-7} cm und eine Atomzahl von etwa 1000 bis 1 000 000 000 aufweisen. Nach anderen Angaben soll die dispergierte kolloide Substanz mindestens in einer Dimension Abmessungen zwischen $5 \cdot 10^{-8}$ und $2 \cdot 10^{-5}$ cm besitzen. Die Grenzen sind hier naturgemäß ziemlich flüssig und willkürlich. Haben die Teilchen eines Kolloids alle ungefähr die gleiche Größe (z. B. Hämoglobinlösung), so ist diese monodispers, sind sie verschieden groß (z. B. bei kolloidem Schwefel, Silber, Kautschuk usw.), so bezeichnet man sie als polydispers. Eine scharfe Abgrenzung zwischen kolloidem, grobdispersem und moleculardispersem Zerteilungszustand der Materie ist unmöglich; alle diese Zerteilungszustände sind durch fließende Übergänge miteinander verbunden, wie schon die Ausdrücke „Eukolloide", „Hemikolloide", „Mesokolloide" usw. erkennen lassen. Nach *Wo. Ostwald* (Die Welt der vernachlässigten Dimensionen) und *v. Weimarn* kann man grundsätzlich jeden Stoff (sogar Kochsalz) durch geeignete Maßnahmen in den kolloiden Zerteilungszustand überführen; es gibt also keine prinzipiell verschiedene Welten der Kristalloide (z. B. Kochsalz, Kupfervitriol, Rohrzucker) und der Kolloide (z. B. Leim, Stärke, Eiweiß usw.), wie noch *Th. Graham,* der Begründer der Kolloidchemie, in einer 1861 erschienenen, grundlegenden Abhandlung (Trans. Roy. Soc., London 151, S. 183 ff.) annahm. Eine neue Definition des Kolloidbegriffs gibt *J. Stauff* in Kolloid-Z. 168, 1960, S. 1–8.

---

[*]) Aus: *Hermann Römpp,* Chemie-Lexikon, Bd. II, (Stuttgart 1966), 6. Aufl. von *Eberhard Uhlein* (1925—1969).

Dispersions-mittel	Dispersum	Bezeichnung	Beispiele
Fest	Fest	Feste Sole, Kristallo-sole, Vitreosole	Rubinglas, blaues Steinsalz, heterogene Legierungen
	Flüssig	Feste Emulsionen	Butter, flüssige Gesteins-einschlüsse, Milchquarz, Opal
	Gasförmig	Feste kolloide Schäume	Gasförmige Gesteinseinschlüsse, Bimsstein (z. T. grobdispers)
Flüssig	Fest	Kolloide Lösungen oder Sole (Hydrosole usw.), Suspensionskolloide, Suspensoide	Kolloide Schwefel-, Silber- oder Goldlösung, Aquadag, Tonlösungen usw.
	Flüssig	Emulsionen, Emulsions-kolloide, Emulsoide	Milch, Wasser-Öl-Gemische, Bohröle, Obstbaumcarbolineum usw.
	Gasförmig	Schäume	Seifenschaum
Gasförmig	Fest	Staub und Rauch, Aerosole	Tabaksrauch, Blaukreuz-kampfstoffe, Salmiaknebel
	Flüssig	Nebel	Atmosphärische Nebel, Schwefelsäurenebel
	Gasförmig	Bildet keine heterogenen Systeme, da sich Gase sofort zu homogenen Systemen mischen	

Nach der durchschnittlichen Größe der dispergierten Teilchen kann man die dispersen Systeme auch in folgende 3 Hauptgruppen einteilen:

Grobe Dispersionen (Grobdispers)	Kolloide	Niedermolekulare Dispersionen (Moleküldispers)
Teilchengröße: meist über 0,1 Mikron	0,001—0,1 Mikron = 0,000 001—0,000 1 mm	kleiner als 0,001 Mikron
Atomzahl im Teilchen: über eine Millarde	1 000—1 000 000 000	1—1000
Teilchenbeschaffenheit: Einzelteilchen meist ungleich	Einzelteilchen meist ungleich	Moleküle u. Ionen haben bei gleichen Stoffen gleichen Bau und gleiche Größe
Sichtbarkeit: Mikro-skopisch sichtbare Teile	Teilchen nur im Ultra- und Übermikroskop sichtbar	Teilchen weder im Ultra-noch im Übermikroskop sichtbar
Filtrierbarkeit: Teilchen werden von Papierfilter (durchschnittl. Porenweite 5 · 10⁻⁴ cm) zurückgehalten	Teilchen wandern durch Papierfilter, nicht aber durch Pergament u. tierische Membranen; diese u. Ultrafilter haben durchschnittl. Porenweiten von 10⁻⁵ bis 10⁻⁶ cm.	Teilchen wandern auch durch Pergament u. tierische Membranen (z. B. Kochsalz-lösung)

Allg. Eigenschaften der Kolloide

Im folgenden sollen unter „Kolloiden" vor allem die kolloiden Lösungen (Suspensions- und Emulsionskolloide) verstanden sein; sofern es sich um andersartige kolloide Systeme handelt, werden diese besonders hervorgehoben. Da die Kolloidteilchen aus 1000 bis 1 000 000 000 Atomen zusammengesetzt sind, muß ihre Gesamtzahl natürlich sehr viel kleiner sein als die Zahl der in molekulardispersen Lösungen frei beweglichen Moleküle bzw. Ionen. Die üblichen kolloiden Lösungen enthalten je ccm höchstens 10^{16} (meist nur 10^{8}–10^{14}) Kolloidteilchen; eine NaCl-Lösung von der gleichen Konzentration hat dagegen über eine Million mal so viel NaCl-Moleküle bzw. Ionen. Da nun der osmotische Druck, die Siedepunktserhöhung und die Gefrierpunktserniedrigung im wesentlichen von der *Zahl* der selbständig bewegten, gelösten Teilchen abhängt, braucht es nicht zu verwundern, wenn kolloide Lösungen einen sehr geringen, nur schwer bestimmbaren osmotischen Druck und nur ganz minimale, mit empfindlichsten Instrumenten eben noch meßbare Gefrierpunktserniedrigungen bzw. Siedepunktserhöhungen aufweisen. Wie die Gastheorie zeigt, ist die kinetische Energie der in Gasen herumfliegenden Gasmoleküle und der in Flüssigkeit herumschwimmenden gelösten Teilchen (Ionen, Moleküle, Kolloidteilchen) jeweils gleich; sie entspricht dem Ausdruck $\dfrac{m \cdot v^2}{2}$ wobei m die Masse und v die Geschwindigkeit eines einzelnen Teilchens darstellt. Die kleinen, leichten Wasserstoffmoleküle haben eine hohe Sekundengeschwindigkeit, die schweren, kolloiden Rauchteilchen bewegen sich dagegen viel langsamer, so daß der Wert $\dfrac{m \cdot v^2}{2}$ beim Wasserstoffmolekül und beim vieltausendmal schwereren kolloiden Rauchteilchen gleich bleibt. Entsprechendes gilt für gelöste Teilchen. Manche gröberen Emulsionskolloide sind schon an ihrem trüben opaleszierenden Aussehen leicht zu erkennen, doch gibt es auch völlig klare, durchsichtige kolloide Lösungen (z. B. Wasserglas, kolloide Goldlösung); Lösungen dieser Art hat man früher auch als „Scheinlösungen" bezeichnet. Schickt man durch eine klare oder getrübte, kolloide Lösung (z. B. Ag, Au, Eisenhydroxid) von der Seite her einen kräftigen Lichtstrahl (Bogenlampe) hindurch, so sieht man ein feines, milchiges Band (*Tyndall-Effekt* oder *Tyndall-Phänomen*, erstmals beobachtet von *M. Faraday* 1857, genauer erforscht von *John Tyndall*, 1867), weil das einfallende Licht von den Kolloidteilchen gestreut wird. Das gestreute Licht hat die gleiche Wellenlänge wie das einfallende Licht; außerdem ist es linear polarisiert. Die Intensität des Streulichts ist im allgemeinen um so größer, je höher die Konzentration des Kolloids und je größer die Differenz der Brechungsindices zwischen Lösung und Lösungsmittel ist; s. *Stacey, K. A.*, Light Scattering in Physical Chemistry, London 1956; *Stuart, H. A.* in Angew. Chemie **1950**, S. 351–359. Der *Tyndall-*Effekt ist auch bei Nebel und Rauch wahrzunehmen; die tanzenden „Sonnenstäubchen" in einem Sonnenstrahl, der in verdunkelte Räume fällt oder die Strahlen, die sich bei Sonnenaufgang oder -untergang an Nebeln und Wolken abzeichnen, sind auf ähnliche Erscheinungen zurückzuführen, ebenso der nächtliche Lichtkegel von Autoscheinwerfern. Schickt man dagegen einen Lichtstrahl durch eine molekulardisperse Lösung (z. B. Kochsalzlösung), so ist kein „milchiges Band" wahrzunehmen. Zwar wird auch hier das Licht an den Molekülen abgebeugt (*Rayleigh*sche Streustrahlung s. *Raman*-Spektrum), jedoch ist diese Lichtstreuung außerordentlich viel geringer. Schickt man in der Ebene des Objekttisches einen kräftigen Lichtstrahl durch einen Tropfen einer kolloiden Lösung, so sieht man bei starker Vergrößerung (und Verdunkelung) einzelne, punktförmige Beugungs-bilder (kleine Lichtpunkte) von Kolloidteilchen auf dunklem Hintergrund. Bei diesem „*Ultramikroskop*" (1903 von *Siedentopf* und *Zsigmondy* konstruiert) wird der *Tyndall*-Effekt mikroskopisch beobachtet; man kann hier von Kolloidteilchen mit wenigen $m\mu$ Durchmesser noch punktförmige Beugungsbilder erhalten, die

Kantenlänge	Zahl der Würfelchen	Gesamt-Oberfläche
1 cm	1	6 cm²
1 mm	10^3	60 cm²
0,1 mm	10^6	600 cm²
0,01 mm	10^9	6000 cm²
1 μ	10^{12}	6 m²
0,1 μ	10^{15}	60 m²
0,01 μ	10^{18}	600 m²
1 $m\mu$	10^{21}	6000 m²

freilich keine Rückschlüsse auf die Form der einzelnen Teilchen gestatten. Das Ultramikroskop hat sich besonders bei kolloiden Metallen (allgemein bei lyo-phoben Kolloiden) bewährt; hier konnte man die Zahl und Größe der Kolloid-teilchen bestimmen; dagegen begegnet die Beobachtung organische Makromoleküle (Kolloidteilchen von Glykogen, Kautschuk, Cellulose, Polystyrol) großen Schwie-rigkeiten; hier eignet sich das Elektronenmikroskop besser. In ihm kann man die Gestalt vieler kolloidaler Metalle, Metalloxide, Staub- und Rauchteilchen deutlich erkennen. Kolloide Lösungen kann man im Elektronenmikroskop allerdings nicht beobachten, da das Dispersionsmittel rasch verdunsten würde. Infolge der Kleinheit der einzelnen Kolloidteilchen ist die Gesamtoberfläche der kolloiden Systeme außerordentlich groß. Zerteilt man z. B. einen Silberwürfel von 1 ccm Inhalt und 10,5 g Gewicht in lauter winzige Würfelchen von je 1 $m\mu$ Kanten-länge, so erhält man 10^{21} Würfelchen mit einer Gesamtoberfläche von 6000 qm! Kolloide sind infolge der sehr hohen Gesamtoberfläche durchweg „*oberflächen-aktiv*"; sie wirken stark adsorbierend (s. Adsorption) und eignen sich als Kataly-satoren oder als Träger von solchen. Infolge der großen Oberflächen verlaufen viele chemische Reaktionen an Kolloiden viel schneller als an unzerteiltem Material, da bei der feinen Zerteilung die Zahl der an der Oberfläche befindlichen Atome bzw. Ionen mit nicht abgesättigten „Restvalenzen" (Kohäsionskräfte, *van der Waals*sche Kräfte u. dgl.) besonders groß sein muß. Hält man z. B. einen Silber-draht in Wasserstoffperoxid, so findet zunächst überhaupt keine Zersetzung statt; dagegen erfolgt bei Zusatz von etwas kolloidem Silber eine rasche Sauerstoff-entwicklung. Ein verchromtes Messer ist sehr luftbeständig; dagegen geht eine kolloidale Chromlösung an der Luft rasch in grünes Chromoxid über. Während konstruierte Ultrazentrifuge an (s. Zentrifugieren), so lassen sich nicht nur Kolloide, sondern auch niedermolekulare, gelöste Stoffe bis zum MG. 100 vom Lösungsmittel trennen. Die meisten Kolloidteilchen haben elektrische Ladungen, sie werden daher durch einen hindurchgesandten Gleichstrom zum Plus- oder Minuspol transportiert. Man bezeichnet eine derartige Wanderung der Kolloide als *Elektrophorese* oder *Kataphorese*. Bringt man z. B. in eine U-Röhre ein Eisen(III)-hydroxidsol, so nähert sich dieses beim Stromdurchgang allmählich dem Minuspol; es muß also selbst positiv geladen sein. Die Wanderungsgeschwindigkeit beträgt hier 3–5 · 10^{-4} cm/sec je Volt/cm; bei Na- und K-Ionen sind die entsprechenden Werte 4,4 · 10^{-4} bzw. 6,7 · 10^{-4} cm/sec; die Wanderungsgeschwindigkeit der Kolloide ist also von ähnlicher Größenordnung wie bei gewöhnlichen Ionen. Vielleicht ist dies bedingt durch ein Ansteigen der elektrischen Ladungen mit dem Wachsen der Teilchengröße. Im Gegensatz zu den Ionen hat nämlich ein Kolloidteilchen nicht nur (rund) 1–7, sondern erheblich mehr (z. B. 30–40) elektrische Ladungen. Negative Ladungen besitzen in der Regel die kolloidalen Metalle, Silberjodid, Kieselsäure, Zinnsäure, Schwefelantimon, Arsensulfide; diese Kolloide gehen daher zum Pluspol; zum Minuspol wandern dagegen die meist positiv geladenen Kolloide Eisen(III)-hydroxid, Aluminiumhydroxid, Chromhydroxid, Titansäure usw. Die elektrischen Ladungen der Kolloide sind wahrscheinlich auf gewöhnliche Ionen zurückzuführen, die an der Oberfläche der einzelnen Kolloidteilchen adsorbiert werden. So hat z. B. kolloides Eisen(III)-hydroxid gewöhnlich positiv geladene Wasserstoff-Ionen adsorbiert. Im Vergleich zur Gesamtgröße der Kolloidteilchen sind diese adsorbierten H-Ionen ziemlich bedeutungslos; beim Eisen(III)-hydroxidsol mögen vielleicht durchschnittlich 900 elektrisch neutrale Kolloidatome auf ein adsorbiertes H-Ion kommen. Da alle Kolloidteilchen einer einheitlich kolloidalen Lösung gleichsinnige elektrische Ladungen haben, stoßen sie sich gegenseitig ab. Gibt man zur kolloiden Eisen(III)-hydroxidlösung eine stark verdünnte Kalilauge, so werden die adsorbierten H-Ionen mehr und mehr durch die OH-Ionen der Lauge neutralisiert; daher sinkt die Wanderungsgeschwindigkeit der Kolloidteilchen bei angelegter elektrischer Spannung. Wenn diese den Wert Null erreicht, ist die sich bei groben Tonaufschwemmungen die Tonteilchen unter dem Einfluß der Schwerkraft bald zu Boden setzen, bleiben die Teilchen von kolloiden Lösungen unter Umständen jahrzehntelang „gelöst", d. h. in der Schwebe, da die Erdanziehung zu gering ist, um den Reibungswiderstand zu überwinden und die Kolloidteilchen zu Boden zu ziehen. Wendet man jedoch die von *The Svedberg*

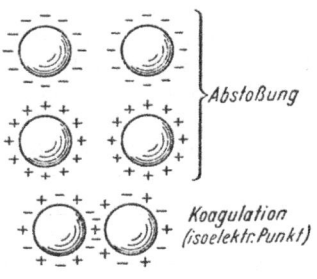

Abb. 1. Erläuterung im Text

Ladung der Teilchen verschwunden (neutralisiert); das Kolloid flockt dann aus (koaguliert), weil die in Bewegung befindlichen, zusammenprallenden Kolloidteilchen (*Brownsche Molekularbewegung*) sich nicht mehr abstoßen, sondern infolge Betätigung anziehender „Restvalenzen" (Kohäsionskräfte, *van der Waals*sche Kräfte) rasch zu größeren Klumpen zusammentreten. Der „elektrisch neutrale" Punkt, an dem die Ausflockung der Kolloide erfolgt, wird auch als *isoelektrischer Punkt* bezeichnet. Jedes negativ elektrisch geladene Kolloid kann durch Säurezugabe (H'-Ionen), jedes positiv geladene Kolloid durch OH'-Ionen (Laugenzugabe) in den isoelektrischen Zustand versetzt werden; dieser hängt also von der Wasserstoffionenkonzentration ab, s. Abb. 1. Im Gegensatz zu den gewöhnlichen, einfachen Ionen können die Kolloide je nach Herstellungsverfahren verschiedene Ladungen aufweisen; so erhält man z. B. ein negativ geladenes, zum +Pol wanderndes Eisen(III)-hydroxidsol, wenn man 100 ccm einer 0,16 %igen Eisen(III)-chloridlösung in 150 ccm einer 0,04 %igen Natronlauge gießt. Eine kolloide Hühnereiweißlösung nimmt nach Zugabe von verdünnter Essigsäure eine positive Ladung an (Adsorption von H-Ionen) und wandert zum Minuspol, während sie nach Zusatz von NaOH sich negativ auflädt (OH-Ionen-Adsorption) und zum Pluspol geht.

Einteilung der Kolloide:

1. Die *Dispersionskolloide* entstehen durch Zerkleinerung gröberer Stoffe in Teilchen von kolloidaler Größenordnung; hierher gehören z. B. kolloidales Gold, Silber, Silberchlorid, Arsensulfid, Platin usw., ferner Emulsionen, Suspensionen von Graphit, Phenoplasten usw. Die durch Zertrümmerung fester Stoffe entstandenen Dispersionskolloide kristallisieren nicht, weil sie aus verschieden großen und verschieden geformten (aus 1000 bis 1 000 000 000 Atomen zusammengesetzten) „Bruchstücken" bestehen, die sich natürlich nicht mehr zu regelmäßigen Kristallgittern zusammenfügen lassen. Die meisten Dispersionskolloide sind nicht sehr beständig; sie können nur in sehr verdünnten „Lösungen" in Flüssigkeit dargestellt werden, in denen sie nicht (molekular) löslich sind — so z. B. Gold oder Graphit in Wasser usw. Sie halten sich nur bei Anwesenheit von adsorbierten Ionen (die alle Kolloidteilchen gleichmäßig aufladen, so daß sie sich abstoßen) oder von sog. *Schutzkolloiden*, die um die Kolloidteilchen dünne „Häutchen" bilden und diese vor rascher Ausflockung durch Elektrolyte usw. schützen. Die Schutzkolloide (z. B. Gelatine, Leim, Albumin, Stärke, Tannin) sind oft schon in überraschend geringen Verdünnungen wirksam, so reichen z. B. 0,005 mg Gelatine aus, um die 100 fache Gewichtsmenge Gold gegen Ausflockung durch 1 %ige Kochsalzlösung zu schützen. Mit Hilfe der Schutzkolloide kann man Dispersionskolloide in sehr viel höhere Konzentration bringen, als es sonst möglich wäre. Wenn ein gewöhnlicher, anorganischer Dispersionskolloid ausgeflockt (koaguliert) ist (kann z. B. durch Elektrolytzusatz, Kochen, Eintrocknenlassen geschehen), erhält man nachher durch Behandeln mit Wasser oder andern, vorher verwendeten Lösungsmitteln in der Regel keine kolloide Lösung mehr; man bezeichnet diese Kolloide deshalb auch als *unumkehrbare* oder *irreversible Kolloide*. Da sich diese Dispersionskolloide

leicht vom Lösungsmittel (speziell von Wasser) trennen und meist nur mit Hilfe von adsorbierten Ionen oder Schutzkolloiden in Flüssigkeit dispergieren lassen, sind sie *lyophobe* („lösungsmittelfliehende") oder *hydrophobe* („wasserfliehende") Kolloide. Technische Anwendung finden die Dispersionskolloide in der Photographie, Pharmazie, Kunststoff-Fabrikation (Ruß, ZnO, SiO_2 usw. als Füllstoffe) und Katalysatortechnik; zu den Dispersionskolloiden in weitem Sinn rechnet man auch die Emulsionen.

2. *Molekülkolloide:* Bei diesen erreichen die einzelnen Moleküle eines chemisch mehr oder weniger einheitlichen Stoffs bereits die Größe von Kolloidteilchen; so haben z. B. die Moleküle vom Hühnereiweiß einen Durchmesser von 0,00434 μ und die Schneckenhämocyaninmoleküle sogar einen solchen von 0,024 μ. Zwischen einer solchen „makromolekularen" Lösung und einer „echten" Traubenzuckerlösung besteht ein grundsätzlicher Unterschied; Traubenzucker (Fomel $C_6H_{12}O_6$) bildet Moleküle aus 24 Atomen mit dem MG. 180, Hühnereiweiß (Molekülkolloid) dagegen Moleküle aus Tausenden von Atomen mit dem MG. 35 000—40 000. Beide Lösungen sind moleculardispers; da aber bei den Molekülen aus über 1000 Atomen (und einem angenäherten Atom-Gewicht von über 10 000) besondere physikalische Erscheinungen auftreten, empfiehlt es sich, Verbindungen mit weniger als 1000 Atomen formell als *niedermolekular* und solche mit 1000—1 000 000 000 Atomen (die unter sich durch Hauptvalenzen verbunden sind) als *makromolekular* zu bezeichnen. In der anorganischen Chemie findet man vor allem bei den kolloiden Kieselsäuren, bei Polyphosphaten und anorganischen Heteropolysäuren Makromoleküle. Sehr viel wichtiger sind die organischen Makromoleküle, zu denen man z. B. die Eiweiße, Stärke, Glykogen, Kautschuk, Cellulose (samt ihren Estern und Äthern), Humusstoffe, Polystyrole, Polyvinylchlorid, Polyvinylalkohol, Polyacrylester usw. zählt. Diese (und die Micellkolloide) sind *lyophil* bzw. *hydrophil*, d. h. sie bilden mit Wasser direkt oder nach vorherigem Quellen beständige, je nach Bedarf konzentrierte kolloide Lösungen. Wahrscheinlich umgeben sich hier die Makromoleküle (ähnlich wie z. B. die Ionen einer Kochsalzlösung) mit einer Hülle von locker an hydrophile Gruppen (OH-Gruppen von Polysacchariden, NH_2- und COOH-Gruppen von Eiweißstoffen) gebundenen Wassermolekülen, ein Vorgang, der als *Hydratation* oder allgemeiner als *Solvatation* bezeichnet wird. Die meisten Makromoleküle bilden *umkehrbare* oder *reversible Kolloide;* hier kann man die ausgeflockten Kolloide durch Lösungsmittel-Zusatz wieder kolloid auflösen. Die lyophilen, reversiblen Kolloide geben beim Umschütteln in der Regel einen Schaum; sie hinterlassen beim Eintrocknen klebrige Massen. Die lyophilen Kolloide werden nach ihrer Gestalt in *Sphärokolloide* (Moleküle kugelförmig, *Beispiel:* Lösungen von Glykogen, Hämoglobin oder Ovalbumin in Wasser) und in *Linearkolloide* (Moleküle fadenförmig; *Beispiel:* in Lösungen von Kautschuk, Celluloseestern, Celluloseäthern, Polyvinylchlorid, Polyvinylalkohol, Polystyrolen, Polyacrylestern in organischen Lösungsmitteln oder von Stärke, Kollagen, Myosin, Kolloid-Kieselsäuren oder Suspensionen von Bentoniten in Wasser) eingeteilt. Bei weitem am wichtigsten sind die (organische, lyophilen, makromolekularen) Linearkolloide; diese teilt man nach der Kettengliederzahl der langgestreckten Fadenmoleküle ein in *Hemikolloide* (niederviskose Fadenmoleküle mit 50—500 Ketten-

gliedern), *Mesokolloide* (500–2000 Kettenglieder im Fadenmolekül) und *Eukolloide* (hochviskos, quellbar, über 2000 Kettenglieder im Fadenmolekül). Die Sphärokolloide (bzw. Linearkolloide) sind in festem Zustand meist pulverig (bzw. faserig, zäh), sie quellen nur wenig (sehr stark), ihre 1 %igen Lösungen sind niederviskos (hochviskos). Die einzelnen Moleküle der makromolekularen Kolloide haben auch bei chemisch ziemlich einheitlichen Stoffen in der Regel verschiedene Größen; man bezeichnet sie daher auch als polydispers oder besser als polymolekular.

3. *Micellkolloide* (Assoziationskolloide): Löst man bestimmte niedermolekulare organische Stoffe in bestimmten Lösungsmitteln (z. B. Celluloseäther in Benzol, Seifen, Detergentien, manche Textilhilfsmittel und Farbstoffe — wie z. B. Polymethinfarbstoffe und Pseudoisocyanine — in Wasser), so bilden sich keine normalen Lösungen mit einzelnen, frei herumschwimmenden Molekülen bzw. Ionen, sondern es werden zahlreiche Einzelmoleküle durch Nebenvalenzen, „Restvalenzen", Kohäsionskräfte oder *Van der Waals*sche Kräfte (s. Chem. Bindung) zu verschieden großen Gruppen (Mizellen) vereinigt, die die Größe von Kolloidteilchen erreichen. So besteht z. B. ein kolloides Seifenteilchen (eine Seifenmizelle) aus vielen Einzelmolekülen der fettsauren Salze. Die Micellen sind viel unbeständiger als die Makromoleküle deren monomere Einheiten ja durch echte chemische Bindungen verknüpft sind; so zerfallen z. B. die Mizellen einer wäßrigen Seifenlösung bei Alkoholzugabe in Seifenmoleküle. Die Existenz der Micellen im „Dispersionsmittel" ist jedoch im Unterschied zu der der Dispersionskolloide (diese sind nur so lange in kolloiddispersen Zustand zu halten als man sie durch Schutzkolloide, Aufladung u. a. Kunstkniffe am Übergang in den echten Gleichgewichtszustand, nämlich die molekulardisperse Auflösung zu hindern vermag) die Folge eines echten thermodynamischen Gleichgewichtszustandes; sie werden deshalb nur dann zerstört, wenn das System als solches (z. B. durch Änderung der Zus. des „Dispersionsmittels") verändert und dadurch ihr Stabilitätsbereich, d. h. die „Kritische Konzentration" ihrer Bildung unterschritten wird. Micellen sind in der Regel elektrisch geladen, doch ist die Ladung hier ein Bestandteil der Moleküle und nicht (wie bei den Dispersionskolloiden) durch Adsorption fremder Ionen entstanden; Näheres s. *Hartley, G. S.*, Solution of Paraffin Chain Salts, Paris, 1937; *Stauff* in Kolloid-Z. **125**, 1952, S. 79—86.

Alle normalen Kolloide können grundsätzlich in zwei verschiedenen Zustandsformen, nämlich als *Sol* (von solutio, onis = Lösung) und als *Gel* (von Gelatine) vorkommen. Zu den Gelen gehören alle formbeständigen, leicht verformbaren dispersen Systeme, mit festen und flüssigen Bestandteilen. Die festen, flüssigkeitsarmen dispersen Systeme (z. B. Gelatineblätter, ausgetrocknetes Kieselsäuregel) bezeichnet man zweckmäßigerweise als Xero-Gele (xeros = trocken), die flüssigkeitsreicheren Gele heißen entsprechend Lyo-Gele. Der Übergang von einem Sol in ein Gel wird als *Ausflockung, Koagulation* oder *Gerinnung* bezeichnet; den Übergang vom Gel zum Sol nennt man dagegen Peptisation. In den obigen Beispielen hatten wir es in der Regel mit Solen zu tun; in diesen schwimmen die Kolloidteilchen unabhängig voneinander unter Ausführung *Brown*scher Bewegungen im Lösungsmittel herum. Im Gelzustand sind die einzelnen Kolloidteilchen (bei Dispersionskolloiden) viel größer als im Solzustand; sie haben ihre freie Beweglichkeit eingebüßt und sind (bei lyophilen Kolloiden) unter Bindung von viel Wasser zu netz- oder wabenartigen meist flüssigkeitsgefüllten „Gerüsten" erstarrt.

. . .

Die Gele der lyophilen Kolloide bezeichnet man auch als *Gallerten;* die Gallerten sind besonders durchsichtige, elastische Gele; man kann sie zu festen Massen (Leimtafeln, Gelatinefolien, Agar) eintrocknen lassen. Die eingetrockneten lyophilen Linearkolloide vergrößern bei Lösungsmittelzusatz unter Beibehaltung der Form ihr Volum ganz erheblich, man sagt, sie quellen auf. *Quellung* beobachtet man u. a. bei Kautschuk, Cellulose, Pektinen, Linearproteinen, Polystyrolen, Polyacrylestern, Cellulosexanthogenaten usw. In diesem Fall binden die Makromoleküle viele Moleküle des zugegebenen Lösungsmittels an sich, wodurch eine allmähliche Volumvergrößerung erfolgt. Niedermolekulare Stoffe lösen sich ohne Quellung, weil hier der Wirkungsbereich der Moleküle in der Lösung nur etwa ihrem Eigenvolum entspricht. Bei den langgestreckten Fadenmolekülen wächst der Wirkungsbereich dagegen im Quadrat der (meist sehr erheblichen) Moleküllänge; hier werden die Fadenmoleküle daher nicht sofort gelöst, sondern die Lösungsmittelmoleküle dringen zwischen die „Fäden" ein und verbinden sich mit diesen, bevor sie ihre freie Beweglichkeit erlangt haben. Erst beim Zufügen verhältnismäßig großer Flüssigkeitsmengen werden die Fadenmoleküle schließlich frei beweglich, wobei die gequollene Masse in ein Sol übergeht. Nicht jede Wasseraufnahme ist eine Quellung; wenn z. B. ein Schwamm Wasser aufsaugt, liegt keine Quellung vor. Bei der echten Quellung tritt ähnlich wie bei der Hydratbildung eine Wärmeentwicklung und (anfänglich) Volumkontraktion ein. Man kann die Quellung schön zeigen, wenn man den einen Ast einer V-förmigen Kautschukfigur am Rande einer Schale in Benzol tauchen läßt, während der andere außerhalb der Flüssigkeit bleibt. Schon nach 20—30 Minuten ist der eingetauchte Teil infolge Quellung viel größer geworden.

Altern der Kolloide: Kristalloide sind viel einfacher, klarer, übersichtlicher, unveränderlicher und berechenbarer als die Kolloide. Während z. B. alle reinen 1 %igen Kochsalzlösungen dieser Welt gleichartig sind, weisen die 1 %igen Lösungen von irgendeinem Kolloid je nach Herstellungsbedingungen große Verschiedenheiten z. B. in der Teilchengröße, der elektrischen Ladung usw. auf. Jedes Kolloid hat seine individuellen Züge — und wie der Weinkenner verschiedene Weinjahrgänge auseinanderhalten kann, so könnte man wohl bei gründlicher Kenntnis der Sachlage an jedem Kolloid wieder andere, sozusagen persönliche Eigenarten entdecken. Während eine Kochsalzlösung unter Verschluß aufbewahrt in alle Ewigkeit unverändert bleibt, durchläuft jedes Kolloid Zustände der „Jugend", der „Reife" und des „Alters". Dies läßt sich schon bei anorganischen Kolloiden beobachten. So dialysiert z. B. frisch zubereitete Kieselsäure; nach einigen Tagen verschwindet diese Fähigkeit. Frisch gefälltes Eisenhydroxid ist braun, nach Jahresfrist rot. Frisch gefälltes Mangandioxid zersetzt Wasserstoffperoxid schneller als gealtertes. Kolloide Lösung von Arsensulfid, Gold, Aluminiumhydroxid usw. koagulieren nach kürzerer oder längerer Zeit. Gele, die mit der Fällungsflüssigkeit in Berührung stehen (z. B. Kieselsäure, Zinnsäure, Aluminiumhydroxid usw.) gehen nach kürzerer oder längerer Zeit oft in röntgenographisch erkennbare, kristalline Niederschläge aus Oxiden (SiO_2, SnO_2) oder Hydroxiden über. Gele oder Sole von lyophilen Kolloiden bilden auch in abgeschlossenen Behältern (unter Ausschaltung der Wasserverdunstung) im Lauf langer Zeit allmählich einen ziemlich festen „Bodensatz", während sich darüber eine stark verdünnte Lösung des Kolloids befindet. Man bezeichnet diesen seit langem bekannten Alterungsvorgang nach *Graham* (1864) als *Synärese;* dies ist eine spontane Entquellung (es tritt Dispersionsmittel aus dem Gel aus, ohne daß seine Struktur zusammenbricht); sie beruht wahrscheinlich auf Teilchenvergrößerung, Verminderung der Adsorption, Nachlassen der katalytischen Wirkung und Entquellung infolge elektrischer Ladungsänderungen usw. In vielen Fällen vereinigen sich die Kolloidteilchen (die ja *Brown*sche Bewegungen ausführen und immer wieder zusammenstoßen) zu größeren Körperchen, die emporsteigen oder zu Boden sinken; in anderen Fällen können sich diese Kolloidteilchen aber auch solange aufspalten, bis die Größe von gewöhnlichen Molekülen erreicht ist.

Alle Organismen sind komplizierte kolloide Systeme und auch an ihnen kann man vielfach Alterung der Kolloide, verbunden mit „Ausflockungs"- und Entquellungserscheinungen, feststellen. Je geringer der Quellungszustand, um so bescheidener die Lebensäußerungen der Organismen. Trockene Weizenkörner mit nur 13 % Wassergehalt sind „scheintot", legt man sie aber in Wasser, so quellen und keimen sie nach kurzer Zeit. Der Wassergehalt steigt rasch an, er erreicht bei der blühenden Weizenpflanze über 75 %, um beim toten, erstarrten Stroh wieder auf 15 % zu fallen. Für das Tier- und Menschenreich gilt Ähnliches; so enthält z. B. eine Froschlarve am 1. Tag nach dem Ausschlüpfen 56, am 41. Tag 90 und am 84. Tag nur noch 88 % Wasser. Der durchschnittliche Wassergehalt des Menschen beträgt im 1. Lebensjahr 66—69 %, im 20. Jahr 62 % und im 70. Jahr 58 %. Unter den einzelnen Organen zeigen die wasserarmen Knochen (30 % Wasser) die geringsten Lebensäußerungen, die wasserreichen, gut „gequollenen" Organe (Muskeln 75 %, Gehirn 79 %, Niere 83 % Wasser) dagegen die intensivsten Lebensprozesse. Die Stammesgeschichte der Pflanzen und Tiere beginnt mit sehr wasserreichen, stark gequollenen Kolloiden im Meer- und Süßwasser; sie endet mit wasserärmeren, „entquollenen" Kolloiden auf dem Festland. So haben z. B. viele primitive Pflanzenformen zeitlebens einen sehr hohen Wassergehalt (Nostoc 94 %, Torfmoos über 90 %), während die höher organisierten Arten geringere Prozentsätze aufweisen, z. B. Gras 75 %, Rotklee 79 %, Stechginster 48 %. Im Tierreich sind die Kolloide der meerbewohnenden Quallen, Mollusken, Fische usw. viel wasserreicher als bei den landbewohnenden Vögeln und Säugetieren. Die Kolloide junger Organismen sind im allgemeinen stärker dispergiert als in höherem Alter.

Kolloide in Natur und Technik: Kolloide Systeme bzw. kolloide Prozesse finden sich in allen lebenden und toten Organismen, in den Eiweißen, Cellulosen, Kunstfasern, Kunststoffen, Stärken, Seifen, Leimen und Klebstoffen, Nahrungsmitteln,

Emulsionen, in vielen Arzneimitteln, Lacken, Farbbindemitteln, Malerfarben, im Latex, in Kampfstoffen, Reinigungsmitteln, Flotationsmitteln, Schmier-Zehntel aller Mineralien dürfte kolloiden Urmitteln, im Staub, Rauch usw. Ungefähr ein sprungs sein, so z. B. Opal, Limonit, Allophan, Garnierit, Meerschaum, Glaukonit, Argentit, Wurtzit, Markasit, Hämatit, Goethit, Pyrolusit, Psilomelan, Manganit, Kassiterit, Chalcedon, Aragonit, die Zeolithe usw. In den Böden spielen kolloide Tonteilchen für das Pflanzenwachstum eine wichtige Rolle. Bei der Bereitung von Brot, Marmeladen, Gelees usw. finden viele kolloidchemische Vorgänge statt. Die Schicht der Photoplatten besteht aus kolloidzerteiltem Bromsilber in einem „Gel" von Gelatine.

Kolloide: Die Welt der vernachlässigten Dimensionen

Egon Matijević*)

Mit 2 Abbildungen und 1 Tabelle

Die Zahl von Industrieprodukten, welche aus den einmaligen Eigenschaften des kolloiden Zustandes Vorteile zogen, ist wahrhaft erstaunlich. Indem wir etwas Ordnung in diesen ungeordneten Zustand bringen, wird deutlich, worauf dieser industrielle Nutzen zurückzuführen ist.

Jeder, der sich mit Kolloiden befaßt, wird gewöhnlich von Laien mit der Frage konfrontiert: „Was ist ein Kolloid?" Mit diesem Beitrag wird nicht nur versucht, diese Frage zu beantworten, sondern auch eine Zusatzfrage zu stellen: „Warum beharren die Fachwissenschaftler bei ihrer Vernachlässigung der Kolloide angesichts allgegenwärtig vorhandener und vielfältig nützlicher kolloider Stoffe?"

Griechischkenner mögen angesichts des Umfanges der Kolloidwissenschaft etwas verwirrt sein, denn „kolloid" ist vom griechischen Wort für Leim (kolla) hergeleitet. Diese zuerst 1861 von *Thomas Graham* vorgeschlagene Bezeichnung ist in der Tat irreführend; sie wurde in dem Glauben geprägt, daß besondere Eigenschaften bestimmter Formen der Materie sich aus ihrer „Leimartigkeit" also aus ihrer Amorphität und weniger aus ihrer Kristallinität, ergäben. Heute wissen wir, daß „kolloides" Verhalten nur sehr wenig mit der Ordnung der Struktur der Materie zu tun hat, eher schon etwas mit der Feinverteilung.

Die heute am meisten verbreitete allgemeine Definition versteht „Kolloide" als Materie im feindispersen Zustand. Wenn diese Vorstellung auch im wesentlichen richtig ist, so enthält sie doch eine starke Vereinfachung.

Die Philosophen haben sich seit den Tagen der alten Griechen mit der Teilbarkeit der Materie befaßt. Kann ein Partikel wie z. B. ein Sandkorn oder ein Wassertropfen in endloser Folge geteilt werden? Die griechischen Atomisten verneinten dies und nahmen an, daß nach wiederholter Unterteilung eine unteilbare Einheit — das Atom — erhalten wird und verstanden diese als Grund-Baustein, aus dem sich jede spezielle Substanz zusammensetzt. Eine bemerkenswert kompliziertere, aber im Grundsatz ähnliche Atomtheorie herrscht heute vor. Der Radius des „heutigen" Atoms wird mit nahezu 10^{-8} cm ($= 0,1$ nm) angegeben. Aber nach Unterteilung eines größeren Teilchens geschieht etwas Seltsames, bevor atomare Dimensionen

―――――――――

*) Von *Jürgen Steinkopff* (Darmstadt) besorgte autorisierte Übersetzung eines Beitrages in CHEMTECH, The Innovator's Magazine (November 1973), einer von der American Chemical Society herausgegebenen multidisziplinären Monatsschrift. Das Copyright des Originalbeitrages liegt bei der *American Chemical Society,* welche die vorliegende Publikation einer deutschen Übersetzung freundlicherweise genehmigte. — Erstmals erschienen in: Mitt. Koloid-Ges. N. F. **13** (Darmstadt 1974).

erreicht sind. Alle Stoffe zeigen ein spezielles Verhalten, das sehr verschieden von dem der ursprünglichen Masse ist, wenn sie eine Größenordnung von ungefähr 1000 nm erreichen, die noch beträchtlich über der atomaren Größenordnung liegt. Diese Eigenschaften sind für eine ganze Wissenschaftsdisziplin von erheblichem Interesse: für die Kolloidwissenschaft.

Obzwar kolloide Stoffe seit den ältesten Zeiten untersucht und beobachtet werden, so werden die Beziehungen zwischen ihrem Verhalten und ihrer Teilchengröße erst seit Anfang dieses Jahrhunderts verstanden. Damals prägte *Wolfgang Ostwald* den Ausdruck von den Kolloiden als einer „Welt der vernachlässigten Dimensionen". Er legte dar, daß der spezifische Oberflächenbereich für viele verschiedene Phänomene verantwortlich sei, die bei kolloiden Substanzen beobachtet wurden. Ostwalds Bezeichnung „vernachlässigte Dimensionen" zielte auf die Tatsache, daß bis zu seiner Zeit den Wirkungen der Oberfläche auf die Eigenschaften der Materie wenig Aufmerksamkeit gewidmet wurde.

Jeder Mensch hat ein intuitives Gefühl für die Bedeutung einer Oberfläche, welche *Webster* als „äußeren Teil von allem" definierte. In der Wissenschaft von der Materie muß man nach tiefgreifenderen Definitionen suchen. Was unterscheidet „Äußeres" vom „Inneren"? Oder — in der Sprache der zeitgenössischen Wissenschaften gesprochen: Wie unterscheiden sich die Atome des Äußeren von denen des Inneren?

Offenbar müssen starke Anziehungskräfte zwischen den Atomen eines Festkörpers oder einer Flüssigkeit wirksam sein, um die Substanz zusammenzuhalten. Ein Atom des Inneren, vollständig umgeben von anderen Atomen, befindet sich im Gleichgewicht. Der Zustand der Oberflächenatome ist sehr verschieden davon. Infolge der Abwesenheit ausgleichender Kräfte im Äußeren befinden sie sich in einem anderen Spannungszustand, genannt „Oberflächenspannung". Von einem anderen Gesichtspunkt her kann man sich vorstellen, daß die Oberflächenatome nun frei sind, einen Teil ihrer elektrischen Kräfte gegen das Äußere ihrer individuellen Teilchen einzusetzen und auf diese Weise in eine Wechselwirkung mit Dingen außerhalb einzutreten und die Oberflächenkräfte zu verstärken.

Was hat dies alles mit Teilchen-Dimensionen zu tun? Wir wissen aus der einfachen Geometrie, daß die Oberfläche eines Objektes nach jeder Teilung zunimmt. Man denke dabei etwa an einen zerschnittenen Würfel (Abb. 1). Für jede Scheibe, die durch einen Schnitt entsteht, entstehen zwei neue Oberflächen samt ihren zugehörigen Oberflächenkräften. Je mehr Teile entstehen, umso größer wird die Gesamtoberfläche bei gleichem Massenvolumen.

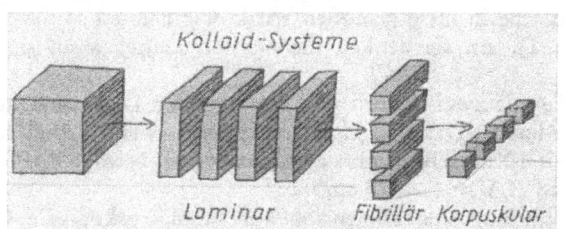

Abb. 1. Die Zunahme der Oberflächenenergie nach Unterteilung erklärt die einmaligen Eigenschaften des kolloiden Zustandes.

Die oben erwähnte starke Vereinfachung betrifft die Tatsache, daß in den meisten Fällen Kolloide als Materieteilchen betrachtet werden müssen, deren drei Dimensionen sich in submikroskopischen Größenordnungen bewegen. Kolloides Verhalten ist charakteristisch für eine Vielzahl von Systemen.

Die Gesamtenergie eines Körpers (E_t) kann wie folgt ausgedrückt werden:

$$E_t = E_i + E_s,$$

wobei unter E_i die innere Energie und unter E_s die Oberflächenenergie zu verstehen ist.

Wir können auch schreiben

$$E_i = e_i V \text{ und } E_s = \sigma A.$$

Dabei ist e_i die Energie einer Volumeneinheit, σ die Energie einer Oberflächeneinheit, während V das Volumen und A die Fläche des betrachteten Körpers bezeichnet.

Daher können wir sagen:

$$E_i = e_i + \sigma A,$$

oder — für eine Volumeinheit —:

$$E_t/V = e_i + (A/)\sigma.$$

Daraus wird deutlich, daß die Bedeutung des Oberflächenenergie-Terms mit der Zunahme des Werte des Verhältnisses A/V oder mit abnehmender Teilchengröße zunimmt.

Grobe Teilchen haben für A/V einen geringeren Wert, so daß das Oberflächenenergie-Term vernachlässigt werden darf. Kolloide sind durch Werte für A/V zwischen 10^4 und 10^7 cm^{-1} charakterisiert, welche erreicht werden, wenn eine, zwei oder alle drei Dimensionen sehr klein sind. Stoffe in einem solchen Dispersionszustand zeigen die unverwechselbaren Eigenschaften kolloider Systeme, weil das Oberflächenenergie-Term signifikant ist, so daß die Rolle der Oberflächenkräfte nicht mehr vernachlässigt werden darf.

Wenn man z. B. einen 1-cm-Würfel nimmt ($A/V = 6$ cm^{-1}) und „zerteilt" diesen in 10^{15} Würfel mit je 100 nm Kantenlänge, so beträgt die Gesamtoberfläche aller Würfel 600 000 cm^2 und das Verhältnis A/V korrespondierend dazu 6×10^5 cm^{-1}. Disperse Stoffe, deren Teilchen ihre drei Dimensionen zwischen 10^{-4} und 10^{-7} cm (1 μm — 1 nm) haben, ergeben A/V-Werte, die charakteristisch für den kolloiden Zustand sind. Viele *Festkörper-Katalysatoren* fallen in diese Klasse, da ihre spezifische Oberfläche in m^2/g gemessen wird. Wir nennen solche Systeme *korpuskular* (vgl. Abb. 1). An sie denken die meisten Leute, wenn sie von Kolloiden sprechen.

Disperse Stoffe mit zwei kleinen und einer großen Dimension können ebenfalls hohe A/V-Werte haben. Das sind *fibrilläre* Systeme. Wenn z. B. 1 ccm eines Stoffes in einer Faser mit 10 nm Durchmesser gedehnt wird, beträgt die Gesamtoberfläche 4 000 000 cm^2 und $A/V = 4 \times 10^6$ cm^{-1}.

Wenn schließlich nur eine Dimension auf submikroskopische Größe reduziert wird, so erhält man kolloide *laminare* Systeme. 1 ccm eines Stoffes, welcher zu einem Film von 10 nm Dicke gedehnt wird, ergibt einen A/V-Wert von 2×10^6 und eine Gesamtoberfläche von 1 000 000 cm². Eine einzige Volumeneinheit Öl, aus einem Tanker ausgelaufen, kann eine Riesenfläche im Ozean bedecken.

Daher repräsentieren Kolloide einen allgemeinen Zustand der Materie, welcher durch eine große Oberfläche pro Volumeneinheit (oder Gewichtseinheit) definiert ist. Kolloide Eigenschaften zeigen also eine Vielfalt morphologischer Formen der dispersen Phase. Es ist augenfällig, daß die bisher berücksichtigten „geometrischen" Bedingungen nur eine notwendige Vorbedingung für die Betrachtung der Eigenschaften des kolloiden Zustandes darstellen. Viele andere *spezifische* Charakteristika hängen von der Substanz ab, aus der kolloide Stoffe bestehen, von der Struktur der Grenzschichten und von der Umgebung, in die die disperse Materie eingebettet ist. Die Grundbedingung jedoch zur Qualifikation eines Systems als Kolloid ist, daß dieses System eine spezifische Fläche zwischen den oben angegebenen Grenzen hat.

Angesichts der Tatsache, daß die Oberflächenenergie, die meist auf einer spezifischen Oberfläche beruht, für die einmaligen Eigenschaften kolloider Systeme verantwortlich ist, ist es nicht überraschend, wenn heute viele Autoren „Oberflächenwissenschaft" als einen mehr allgemeineren alternativen Begriff wählen, welcher „Kolloidwissenschaft" einschließt. In der Tat ist es prinzipiell richtig, alle kolloiden Erscheinungen als Oberflächenphänomene zu klassifizieren; die Umkehrung jedoch stimmt nicht. Man kann z. B. die Oberflächenspannung einer sehr reinen Flüssigkeit, also eine wesentliche und unverkennbar charakteristische Oberflächeneigenschaft, messen, doch kann die Flüssigkeit selbst nicht als Kolloid bezeichnet werden.

Der Gebrauch des Terminus „Kolloid" setzt sich durch, z. T. aus traditionellen Gründen, z. T. aber auch, weil er sich auf Materie im Zustand der „vernachlässigten Dimensionen" bezieht.

Es ist nun nützlich, eine *Klassifikation der Kolloide* anzubieten und eine *exakte Terminologie* einzuführen. Wann immer sich jemand mit einem kolloiden System befaßt, ist es notwendig, zwischen dem dispergierten Stoff und dem dispergierenden Medium zu unterscheiden. Tabelle 1 enthält alle möglichen Kombinationen.

Tab. 1. Klassifikation kolloider Systeme

Dispergierendes Medium	Dispergierte Materie	Name des kolloiden Systems
Gas	Flüssigkeit	Aerosol
	Festkörper	Aerosol
Flüssigkeit	Gas	Schaum
	Flüssigkeit	Emulsion
	Festkörper	Sol *)
Festkörper	Gas	fester Schaum
	Flüssigkeit	fester Schaum
	Festkörper	festes Sol

Kolloide können einen sehr wünschenswerten Zustand der Materie in zahlreichen Anwendungsbereichen darstellen; auch wenn sie oft als unerwünschte Verunreiniger

---

*) Wäßrige Dispersionen kolloider Festkörper werden gewöhnlich Hydrosole genannt.

oder Reaktionsprodukte auftreten. Es ist daher wichtig, daß wir lernen kolloide Systeme zu stabilisieren, wenn sie nützlich sind, und sie zu zerstören, wenn sie unerwünscht oder schädlich sind.

Eine unlösliche mono-molekulare Schicht, welche Wasserreservoire oder Seen in trockenen Gegenden bedeckt, kann die Verdunstung verhindern und Wasservorräte speichern, während unlösliche Monoschichten in Gestalt von Ölteppichen für alle wichtigen Wasserstraßen heute ein ernsthaftes Problem darstellen. Jeder Chemiker kennt die Schwierigkeiten, die sich bei der gravimetrischen Analyse ergeben, wenn seine Ausfällungen zu kolloiden Dispersionen führen, die nicht mehr durch eine normale Filtration getrennt werden können. Auf der anderen Seite werden die gleichen Stoffe oft absichtlich in den Zustand kolloider Dispersionen gebracht, man denke nur an die Pigmente in Farben. Nebel über Flughäfen hat viele Verzögerungen und Unfällen im Flugverkehr zur Folge. Auf der anderen Seite strengt man sich an, reproduzierbaren „Nebel" mit genau bestimmten Tröpfchengröße zur wirksamen Behandlung von Erkrankungen der Atmungsorgane zu entwickeln. Ein stabiler Schaum ist für die Trennung von Mineralien durch Flotation erforderlich; der durch Detergentien erzeugte Schaum stellt für die Abwasseranlagen ein ernsthaftes Problem dar. Stabile Emulsionen sind wichtig für die Lebensmittel- und kosmetische Industrie, sie sind aber höchst unerwünscht, wenn es um die Trennung von Öl und Teersand geht. Man könnte endlos fortfahren mit Beispielen, welche die Nützlichkeit eines kolloiden Systems im einen Fall und seine negativen Effekte im anderen aufzeigen.

Es scheint aber, daß man bisher mehr Energie darauf verwendet hat, Kolloide zu zerstören als neue zu entwickeln und zu stabilisieren. Das ist verständlich, wenn man daran denkt, daß vielen Leuten kolloide Systeme als unerwünschte Stoffe in der Natur oder anthropogenetischer Herkunft begegnen, die man zu eliminieren versuchen muß.

Bei der Produktion kolloider Dispersionen von bestimmter Zusammensetzung und mit bestimmten Eigenschaften muß man an die Anwendungsmöglichkeiten denken. Die Tatsache, daß so wenige Wissenschaftler und Ingenieure mit den besonderen Kennzeichen des kolloiden Zustandes vertraut sind, erschwert es ihnen, spezifischen Gebrauch davon zu machen. Daher warten die Kolloide noch immer darauf, für zahlreiche Anwendungsgebiete genutzt zu werden.

Um die Vielfalt des möglichen Gebrauchs eines einzigen Stoffes zu verdeutlichen, wollen wir das Beispiel des kolloiden Kieselgurs betrachten (1). Dieses chemisch sehr einfache System findet kommerzielle Anwendung in der Papier-, Textil-, Öl-, Kosmetik-, Gummi-, keramischen und photographischen Industrie und in vielen anderen Industriezweigen aus Gründen, die ebenso zahlreich sind wie die Anwendungsmöglichkeiten. Kieselgur dient als katalytische Base und als Adsorbens, wird genutzt zur Stärkung und Bindung faser- und pulverförmiger Stoffe, um feuerfest geformte Produkte oder gegen hohe Temperaturen isolierendes Material zu erzeugen; es findet Anwendung bei der Imprägnierung von Textilien, Papieren und gestrichenen Oberflächen; es erhöht die Oberflächenreibung auf Bahngleisen, eingewachsten Böden, von Papier und Textilfasern; es hydrophilisiert Druckplatten; es wird bei den Innenschichten der Transformatoren verwandt; es verstärkt Polymere; es wirkt als Koagulationsmittel bei der Wasserreinigung; es ist eine Verdickungsflüssigkeit; es verbessert die Adhäsion des Anstrichs thermoplastischer Stoffe; es kann Anti-Reflex-Anstriche bilden; in Zahnpasta wirkt es als Aufheller und Schleifmittel, usw. Und genausoviele Anwendungsmöglichkeiten warten nur darauf, noch gefunden zu werden.

Ein anderes gutes Beispiel für neuen Gebrauch wohlbekannter Stoffe, nachdem diese in den kolloiden Zustand gebracht wurden sind die sog. *„mikrokristallinen Polymerdispersionen"* (2). Diese kolloiden Systeme werden aus natürlichen und synthetischen, organischen und anorganischen polymeren Grundstoffen hergestellt, und zwar meist durch Aufteilung in submikroskopische Teilchen. Dies geschieht durch eine Kombination chemischer und mechanischer Methoden. Eine Liste der bisher im mikrokristallinen kolloiden Zustand erhaltenen Systeme umfaßt Cellulose, Asbest, Kollagen, Polyamide, Amylose, isotaktische Polypropylene und Polyester. Von allen diesen Systemen bietet die *mikrokristalline Cellulose* die meisten Anwendungsmöglichkeiten, welche sich nicht ergeben würden, wäre es nicht zuvor gelungen, das Material in den kolloiden Zustand zu bringen. Als pharmazeutischer Tablettenauszug eliminiert dieses System die Granulationszwischenstufe, welche normalerweise zur Produktion vieler trockener Substanzen benötigt wird. Wird die mikrokristalline Cellulose gut in Wasser dispergiert, so bildet sie stabile kolloide Gele, welche vielfältige Anwendung in der Kosmetik, bei Lebensmitteln und Aerosolprodukten finden. So erlauben z. B. diese Gele die Herstellung hitzestabiler Öl-Wasser-Emulsionen; daher können konservierte Fischsalate erhitzt und sterilisiert werden, nachdem die Würzsauce zuvor in den Konservaten angesetzt wurde. Holländische Sauce, welche mit mikrokristalliner Cellulose hergestellt wurde, widersteht der Öltrennung während nachfolgender Erhitzung, ja sogar während des Backvorganges. Werden gesonderte mikrokristalline Cellulosekristalle Speiseeis oder tiefgefrorenen Nachspeisen zugesetzt, so halten sie die Hitze-Schock-Phänomene unter Kontrolle und vermindern das Wachstum von Eiskristallen. Feindispergierte Cellulose wird in der keramischen und Baustoff-Industrie ebenso angewandt wie als stabilisierendes Agens für Kautschukfarben auf Wasserbasis. Ein neuer Bereich zukünftiger Anwendung wird sich bei der Herstellung niederkalorischer Lebensmittel ergeben. Mikrokristalline Cellulosepulver können als Kuchenmixtur benutzt werden und ihre Gele für Schlagsahne und dergleichen.

Da Cellulose unverdaulich ist, werden keine Kalorien produziert.

Mikrokristallines Kollagen — ein z. Z. noch experimentelles Material — besitzt Eigenschaften mit vielversprechenden potentiellen Anwendungsmöglichkeiten. Unter diesen interessiert gegenwärtig am meisten die Anwendung als „Klebstoff" in der Chirurgie, da sich in Tierexperimenten und Versuchen am Menschen herausgestellt hat, daß mikrokristallines Kollagenpulver hämostatische und wundschließende Eigenschaften hat. Es haftet am körpereigenen Gewebe offensichtlich ohne negative Nebenwirkungen. Eine weitere Anwendungsmöglichkeit liegt in der Herstellung von Hauptprothesen zur Behandlung von Hautläsionen und Verbrennungen oder als Umhüllungsmaterial für Pharmaka mit zeitdeterminierter Wirkung usw. In Querbindungs-Form kann mikrokristallines Kollagen zur Herstellung von arterienähnlichen Schläuchen und knochenähnlichen Strukturen genutzt werden.

Diese Beispiele wurden ausgewählt, um zu zeigen, daß die Anwendungs-

möglichkeiten von Kolloiden noch keineswegs erschöpft sind. Es ist eine un-
bestrittene Tatsache, daß die Entwicklung neuer kolloider Systeme noch in den
Kinderschuhen steckt. Je mehr Fachleute in Wissenschaft und Technik in der
Kenntnis des kolloiden Zustandes ausgebildet werden, um so zahlreicher werden
die potentiellen Anwendungsmöglichkeiten sein. Daher die Frage an alle, die sich
im eigenen Verantwortungsbereich mit technischen Problemen konfrontiert sehen:
warum sollte man nicht ein Kolloid berücksichtigen?

Eine häufig gehörte nicht ungewöhnliche Behauptung besagt, daß die Kolloidwissenschaft sich mit nicht reproduzierbaren und schlecht definierten Systemen
befaßt, welche nicht quantitativ erfaßt werden können. In der Tat haftet dem
Namen „Kolloid“ ein gewisses Stigma an. Das ist mit auf die Tatsache zurückzuführen, daß es sehr lange brauchte, um die Probleme zu definieren und Methoden
und Theorien zur quantitativen Untersuchung zu entwickeln. Der pauschale
schlechte Ruf der Kolloide ist jedoch nicht gerechtfertigt; heute gibt es Untersuchungsmethoden mit genau solcher quantitativer Genauigkeit wie in anderen
Wissenschaftsbereichen. Es ist richtig, daß der komplexe Charakter mancher
kolloider Systeme nicht immer erlaubt, exakte theoretische Erklärungen für alle
beobachteten Phänomene zu geben. Aber das gilt auch für andere Wissenschaftsbereiche. Die uns interessierende Tatsache ist, daß gerade die Kolloide international
namhafte Wissenschaftler interessiert haben, deren kolloidwissenschaftliche Beiträge
für die Verleihung des *Nobel-Preises* durchaus ausreichend waren. Daher finden wir
z. B. in dem Buch „*Nobel*, der Mensch und seine Preise“ einen Abschnitt mit der
Überschrift „Kolloide, Chromatographie und Oberflächenchemie“ (3). Hierin
werden die Beiträge von *Richard Zsigmondy*, *The Svedberg*, *Arne Tiselius* und
Irving Langmuir beschrieben. Hinzuzufügen bleibt, daß der Physiker *Jean Perrin*
seinen Nobel-Preis für seine Arbeiten über die Dispersionen erhielt. Viele Nobel-
preisträger, welche für Leistungen in anderen Fachbereichen ausgezeichnet wurden,
haben ebenfalls bemerkenswerte Beiträge im Bereich der Kolloid- und Oberflächenforschung geleistet; aus dieser Gruppe wären z. B. *Albert Einstein* und *Peter Debye*
zu nennen.

Die Arbeit dieser Männer und vieler anderer hat die Kolloid- und Oberflächenforschung auf eine solide Grundlage gestellt. Viele Phänomene, mögen sie noch so
kompliziert sein, sind heute geklärt und verständlich. So erklärt z. B. die *Mie*'sche
Theorie sehr exakt die Lichtstreuung von Isotropen kugelförmigen Teilchen. Mit
Hilfe moderner elektronischer Schnellrechner kann diese Theorie dazu benutzt
werden, um das Streuungsverhalten kolloider Kugeln ungeachtet ihrer optischen
Eigenschaften exakt zu beschreiben. Wenn die Größenverteilung solcher Teilchen
in einer Dispersion einigermaßen beschränkt ist, kann man die Lichtstreuung
in situ anwenden, um die Größenverteilung und Teilchenzahlen-Konzentration
zu bestimmen (4).

Optische Effekte polymerer „Lösungen“ können dazu benutzt werden, um
Informationen über das Molekulargewicht, die Größe, die Gestalt und die Wechselwirkung von gelösten Molekülen zu erhalten (5).

Es gibt eine gut entwickelte Theorie über elektrische Doppelschichten an Fest-
körper/Lösung-Grenzflächen, welche zugleich die Beobachtung bei einfacheren
Systemen ziemlich gut erklärt (6). Ein wesentlicher Fortschritt wurde hinsichtlich

unserer Kennntnis der Natur anziehender und abstoßender Kräfte zwischen einzelnen Teilchen erzielt. Daraus entwickelte sich eine Theorie der Kolloidstabilität (*Derjaguin-Landau-Verwey-Overbeek*-Theorie), welche wiederum bisherige Beobachtungen der elektrolytischen Koagulation von Dispersionen erklären half (7, 8). Ein nicht geringerer Fortschritt wurde hinsichtlich der quantitativen Interpretation von Festkörper/Gas-Systemen und speziell bei der Klärung von Adsorptionsprozessen erzielt (9). Den wesentlichen Anstoß für diese Entwicklung gaben sicher die Untersuchungen von *Langmuir* und *Brunauer, Emmett* und *Teller*. Die Theorie des Letztgenannten (BET-Theorie) machte es möglich, die Oberflächen feinverteilter Substanzen sehr genau zu bestimmen (10).

Das sind nur wenige Beispiele aus Bereichen, in denen bemerkenswerte wissenschaftliche Leistungen für die theoretische Klärung kolloider Phänomene erbracht wurden.

Diese Fortschritte wurden durch die Entwicklung hochentwickelter experimenteller Methoden sehr erleichtert. Die Elektronenmikroskopie hat der modernen Kolloidwissenschaft einen starken Anstoß gegeben, da es mit dieser Technik gelang, kolloide Teilchen sichtbar zu machen. So wurden exakte Informationen über Größe, Gestalt und Struktur solcher Teilchen gewissermaßen aus erster Hand gewonnen. In neuerer Zeit wurden Meßgeräte für den Einsatz verschiedener Strahlen und Strahlungen (z. B. von Ionen, Molekülen und Elektronen) entwickelt, welche so detaillierte Informationen über die Zusammensetzung und Struktureigenschaften von Festkörperoberflächen vermittelten, wie sie noch vor wenigen Jahren undenkbar gewesen wären. So erschließt speziell die Analyse der Oberflächenstruktur einer Reihe von Kolloiden mittels der Ionenstreuungs-Spektrometrie oder *Auger*-Spektroskopie aufregende Möglichkeiten (11, 12). Geniale Erfindungen wurden gemacht, um direkte Messungen der Kräfte zwischen den Teilchen zu ermöglichen. Neue Teilchen zählende und Größen bestimmende Instrumente unter Anwendung von Laserstrahlen wurden entwickelt. Auch hier konnten nur einige wenige Beispiele für den Fortschritt dieser Wissenschaft angeführt werden.

Bemerkenswert ist die Entdeckung einer immer noch zunehmenden Zahl von *kolloiden Solen*, welche Partikel mit gleicher Größe und Gestalt enthalten. Wenn man früher solche Systeme als aus dispergierten Elementen (z. B. Gold oder Schwefel) bestehend betrachtete, so wurden in neuerer Zeit Methoden zur Gewinnung monodisperser Aerosole und Hydrosole aus einer Vielzahl von Stoffen beschrieben. So können heute Aerosole mit sphärischen Partikeln aus Natriumchlorid, Silberchlorid, Vanadium-Pentoxid und aus Tröpfchen von Octanolsäure, Linolsäure, Dibutylphthalat, Schwefelsäure usw. mit beschränkter Größenverteilung über einen weiten Bereich von Modaldurchmessern erzeugt werden. Eine noch größere Zahl von monodispersen Hydrosolen ist heute vorhanden. Unter diesen sind die verschiedenen Latices (Polystyrol, Polyvinylchlorid, Styrol-Butadien usw.) am bekanntesten. Viele anorganische Sole lassen sich heute mit Teilchen gleicher Gestalt und beschränkter Größenverteilung herstellen. Sie umschließen so verschiedene Substanzen wie Bariumsulfat, Calciumfluorid, Silberhalide, Blei- und Lanthanium-Jodate, Kieselgur usw.

Die jüngste Entwicklung in diesem Bereich ist die Herstellung *monodisperser Metallhydroxide*, welche chemisch wesentlich komplizierter sind als andere kristal-

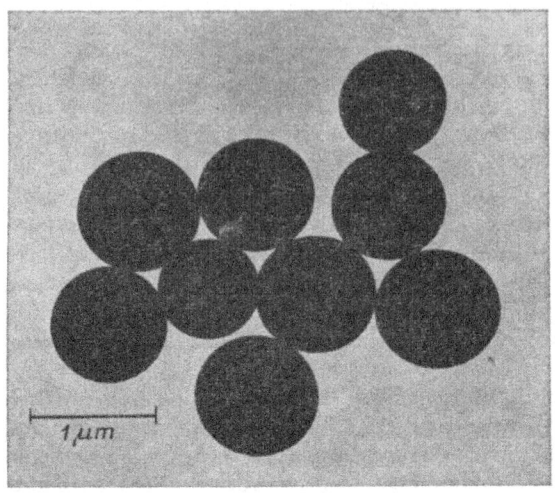

Abb. 2. Elekronenmikroskopische Aufnahmen

a) Aluminiumhydroxid-Teilchen, erhalten durch Hydrolyse von Aluminium-sec-butoxid in Gegenwart von Natriumsulfat bei 90° C (*E. Matijevic* and *D. L. Catone*)

b) Kupfer-I-Oxid-Teilchen, erhalten durch Alterung einer Kupfer-I-Tartrat-Komplex-Lösung in Gegenwart von Glucose (*E. Matijevic* and *P. McFadyen*)

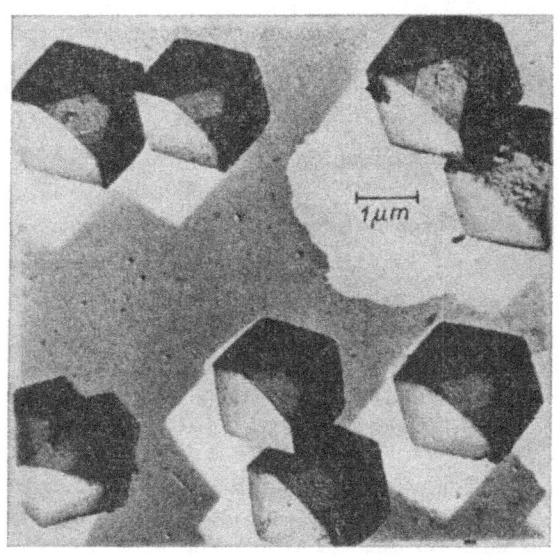

c) Eisen-III-Hydroxid-Veilchen, erhalten durch Alterung einer Eisensulfatlösung bei 98° C
(*E. Matijevic* and *R. Sapieszko*)

lin oder stöchiometrisch genau definierte Substanzen und ein besonderes Interesse als Katalysatoren finden. So wurden Aluminium- und Chromhydroxide mit uniformen sphärischen Teilchen hergestellt und man hat auch Kupfer- und Eisenhydroxide mit würfelsymmetrischen Teilchen verschiedener Verfassung und extrem beschränkter Größenverteilung produziert (13–15). Abb. 2 zeigt als Beispiel elektronenmikroskopische Aufnahmen von Hydrosolteilchen, welche durch Alterung geeigneter Lösungen von Metallkomplexen gewonnen wurden (Aluminiumhydroxid, Kupfer-I-Hydroxid und Eisen-III-Hydroxid).

Monodisperse kolloide Systeme werden in zahlreichen Anwendungsbereichen benötigt; darüber hinaus sind sie von erheblicher theoretischer Bedeutung, weil sie in der Grundlagenforschung auf ihre Reproduzierbarkeit getestet werden können und für eine Vielzahl von Untersuchungen brauchbar sind. Es ist wesentlich einfacher, ihre Größe und Konzentration auszuwerten, als dies bei polydispersen Systemen mit Teilchen unregelmäßiger Gestalt möglich wäre. Kernbildungs- und Teilchenwachstumsmechanismen sind bei monodispersen kolloiden Systemen wesentlich besser zu erkennen und ihre Oberflächencharakteristika sind viel genauer definiert. Dies erlaubt kritische Studien der Stabilität solcher Aerosole und Hydrosole und gewöhnlich einen besseren Vergleich mit theoretischen Modellen, welche in der Regel von uniformen Teilchen meist sphärischer Gestalt ausgehen. So ist die Behauptung, kolloide Systeme seien schlecht definiert, nicht mehr länger aufrechtzuerhalten.

Für diejenigen, welche im Rahmen ihrer regulären Ausbildung keine Möglichkeit haben, sich eingehender mit der Kolloidwissenschaft zu befassen, ist die nachstehende Liste von neueren Publikationen gedacht, welche eine gute Einführung vermitteln:

D. J. Shaw, Introduction to Colloid and Surface Chemistry, 2. Aufl. (London 1970, Butterworths).

A. W. Adamson, Physical Chemistry of Surfaces, 2. Aufl. (New York 1967, Interscience).

A. Sheludko, Colloid Chemistry (Amsterdam 1966, Elsevier).

M. J. Vold / *R. D. Vold*, Colloid Chemistry (New York 1964, Van Nostrand Reinhold Co.).

B. Jirgensons / *M. E. Straumanis*, A Short Textbook of Colloid Chemistry, 2. Aufl. (Oxford 1962, Pergamon Press).

J. Stauff, Kolloidchemie (Berlin-Heidelberg-New York 1960, Springer-Verlag).

K. J. Mysels, Introduction to Colloid Chemistry (New York 1959, Interscience).

Das Buch von *Stauff* vermittelt vermutlich den vollständigen Überblick über diesen Bereich, ist aber leider vorerst nur in deutscher Sprache erhältlich. Die anderen Texte umgreifen verschiedene Teilbereiche, meist entsprechend den eigenen Forschungsarbeiten der Autoren.

Gelegentlich hört man, die Kolloide seien nicht nur eine Wissenschaft der „vernachlässigten Dimensionen", sondern die Kolloidwissenschaft selbst sei eine vernachlässigte Disziplin. Das ist sicher unkorrekt. Forschung und Technik in diesem Bereich sind intensiv und nehmen zu.

Die Forderung nach Wissenschaftlern mit guter Ausbildung in Oberflächenchemie wurde kürzlich vom britischen Chemistry Committee des Science Research Council mit detaillierten Angaben behandelt. Ein multidisziplinärer Ausschuß wurde geschaffen und publizierte jüngst einen ziemlich umfassenden Bericht über die Situation der Wissenschaft von den kolloiden Dispersionen aus der Sicht der Wissenschaft, der Industrie und des Arbeitsmarktes (16). Der Bericht zeigt eine große Diskrepanz zwischen den offenen Stellen für Spezialisten dieses Faches und der Hochschulausbildung in Großbritannien. Ähnliche Feststellungen wurden von der Division of Colloid and Surface Chemistry der American Chemical Society vor einigen Jahren getroffen (17). Die Situation hat sich nach Erscheinen beider Berichte nicht gebessert.

In vielen Ländern sind entsprechende wissenschaftliche Gesellschaften im Bereich der Kolloidwissenschaft aktiv tätig. In Deutschland wurde z. B. die Kolloid-Gesellschaft bereits 1922 gegründet, und die schon erwähnte Division of Colloid and Surface Chemistry, eine der größten Abteilungen der American Chemical Society, wird 1976 ihr fünfzigjähriges Bestehen begehen. Das National Colloid Symposium ist die älteste Spezialtagung der American Chemical Society; seine erste Tagung fand 1923 in Madison, Wisc., statt. In Deutschland wurden seit 1922 insgesamt 26 Kolloid-Tagungen abgehalten. Die Gordon-Conferenz über Chemie der Grenzflächen geht in ihr zwanzigstes Jahr und wird nach wie vor bestens frequentiert. Viele andere Gordon-Konferenzen befassen sich mit Themen, die mit Fragen der Oberflächenchemie eng zusammenhängen. Die Faraday-Discussions in

Großbritannien sind sehr häufig mit speziellen Problemen der Oberflächenchemie befaßt

Mit Ausnahme echter Lehrbücher, deren Zahl relativ gering ist, gibt es eine umfangreiche Literatur, welche allgemeinen oder speziellen Themen der Kolloid- und Oberflächenforschung gewidmet ist. Sie reicht von umfangreichen, in der Zahl der Bände nicht begrenzten Serien wie z. B. „Surface and Colloid Science" bis zu zahlreichen Monographien, die sich mit bestimmten Substanzen, Effekten oder Methoden befassen. So sind z. B. Texte über die Kolloidchemie des Bodens, Kolloid- chemie des Kieselgurs und der Silikate, nichtionische Oberflächenagentien, nicht- lösliche monomolekulare Schichten, Emulsionen, Koagulation usw. auf dem Markt.

Daraus ist zu entnehmen, daß die Kolloidwissenschaft eine sehr aktive Disziplin ist. Was vernachlässigt wird, das ist die *Ausbildung* in diesem Bereich.

Es gibt in der ganzen Welt einige wenige Institutionen, welche Ausbildungs- und Forschungsprogramme in Kolloid- und Oberflächenforschung anbieten. In Europa sind die aktivsten Zentren in der Sowjetunion (speziell an der dortigen Akademie der Wissenschaften), in Großbritannien (Universität Bristol), in Holland (Uni- versität Utrecht) und in Schweden (Schwedisches Institut für Oberflächenchemie, Stockholm). Deutschland, welches so viele Pioniere der Kolloidwissenschaft hervor- gebracht hat (*Zsigmondy, Freundlich, Lottermoser, Liesegang, Wolfgang Ostwald* und andere), hat überraschenderweise kein besonderes Ausbildungs- und For- schungszentrum.

Die USA erlebten einen Niedergang der Kolloid- und Oberflächenforschung nach einer sehr aktiven Periode, die durch Männer wie *Bancroft, McBain, Weiser, Harkins, Hauser* u. a. gekennzeichnet war. In jüngster Zeit ist eine Belebung der kolloidwissenschaftlichen Ausbildung in einigen wenigen akademischen Institutionen in diesem Lande zu verzeichnen. 1965 wurde das Institute of Colloid and Surface Science am Clarkson College of Technology in Potsdam, N. Y., errichtet. Es umfaßt eine interdisziplinäre Gruppe von nahezu 30 Mitgliedern der Chemie- und Ingenieur-Fakultät, welche sich für die zahlreichen Aspekte der Kolloid- und Oberflächenforschung interessieren. Zusätzlich zu einer Anzahl von Forschungs- programmen bietet das Institut mindestens drei Ausbildungskurse pro Semester in dieser Wissenschaft. Eine weitere aktive Gruppe ist am Center for Surface and Coatings Research der Lehigh University zu finden. Die Gruppe organisierte mit Erfolg verschiedene thematisch gebundene Kurzkurse mit starkem Akzent auf industriellen Anwendungsmöglichkeiten. An der Universität of Wisconsin in Mil- waukee arbeitet ein spezielles Laboratory for Surface Studies im Bereich der Fest- körper/Gas-Grenzflächen. In jüngster Zeit startete das Georgia Institute of Tech- nology ein interdisziplinäres Oberflächen-Programm, das mit dem Erwerb des Master of Science abgeschlossen werden kann. Natürlich konnten hier nur Institu- tionen Erwähnung finden, welche umfassendere Programme anbieten. Mehr indi- viduelle Aktivitäten in Kolloid- und Oberflächenforschung finden wir bei einer Reihe anderer Universitäten und Colleges.

Angesichts der Tatsache, daß die Kolloide einen allgemeinen Zustand der Materie repräsentieren, der in der Natur so häufig vorzufinden ist und so zahlreiche An- wendungen erlaubt, sollte man eigentlich annehmen, daß entsprechende Aus- bildungskurse und Forschungsprogramme an jeder Anstalt für höhere Bildung vorhanden sein müßten. Ausbildung jedoch ist zweifellos der vernachläsigte Teil der gesamten Disziplin, um die es uns hier geht. Viele Universitäten und Hochschulen behandeln den Gegenstand unserer Überlegungen nicht einmal innerhalb der generellen Ausbildung in Physikalischer Chemie und nur wenige bieten speziellere Ausbildungsgänge für Kolloid- und Oberflächenchemie an. Aus diesem Grunde haben viele Wissenschaftler und Techniker in diesem Bereich ihre Kenntnisse durch Selbststudium erworben, während einige andere diesen Bereich entdeckten, als sie ihre Diplomarbeit unter Aufsicht eines an Kolloiden und Oberflächen interessierten Wissenschaftlers durchführten.

Es gibt verschiedene Gründe zur Erklärung dieser Lücke in der naturwissenschaftlichen Ausbildung. Viele Universitätslehrer meinen, ein solides Basiswissen in den Grundlagenfächern (z. B. Chemie, Physik usw.) reiche aus, um sich später mit den Kolloiden zu befassen. Die gleiche Haltung könnte leicht Allgemeingut werden in der Hoffnung und Erwartung, daß jeder Mensch durch Selbststudium für speziellere Wissenschaftsbereiche die nötigen Kenntnisse erwerben könnte. Andererseits ist es aber eine Tatsache, daß für viele andere speziellere Wissenschaftliche Teilbereiche (z. B. Festkörperphysik, Spektroskopie, Molekularbiologie usw.) entsprechende Ausbildungsprogramme angeboten werden, und es besteht über den Nutzen eines solchen Angebots kein Zweifel. Beim Studium der Kolloide und Oberflächen hat man es sehr oft mit spezieller Laborausrüstung und speziellen Untersuchungsmethoden zu tun, und bei der Auswertung der Versuchsergebnisse muß man sich oft Theorien bedienen, die normalerweise bei der Behandlung der Grundlagenfächer nicht diskutiert werden. Aus diesem Grunde ist eine Spezialausbildung ebenso notwendig wie wichtig.

Ein anderer Grund dafür, warum Kolloidwissenschaft nicht gelehrt wird, ist in der Tatsache zu suchen, daß dort in der Regel Systeme und Phänomene behandelt werden, die in der allgemeinen wissenschaftlichen Ausbildung gewöhnlich kaum berücksichtigt werden. Die Viskosität einer klassischen Newtonschen Lösung z. B. beruht nur auf Konzentration und Temperatur; die Viskosität aber einer kolloiden Tonerdedispersion oder einer makromolekularen Lösung kann auf einer Reihe zusätzlicher Faktoren beruhen wie z. B. Teilchengröße, Gestalt, Ladung, Typus und Konzentration hinzugefügter Elektrolyte, thermische und mechanische Bedingungen, Scherung, Sol-Alter, Präparationsmethoden usw. Es ist einleuchtend, daß solche Viskositätsdaten wesentlich schwieriger zu interpretieren sind, selbst wenn zuverlässige und exakte Werte mit angemessenem Gerät erhalten wurden.

Ein weiteres Beispiel ist der Zustand der Materie. Viele Studenten werden dazu erzogen zu glauben, Materie müsse entweder fest, flüssig oder gasförmig sein. De facto gibt es aber zahllose natürliche oder synthetische Systeme, welche keinem dieser Zustände zugeordnet werden können. So sind z. B. Gele weder flüssig noch fest. Weil sie nicht exakt klassifiziert oder definiert sind, werden sie von vielen Hochschullehrern und Lehrbüchern einfach negiert ungeachtet der Tatsache, daß Gele eine ausgesprochen allgemeine Form der Materie repräsentieren.

Literatur

1. *Iler, R. K.*, Colloidal Silica, in: Surface and Colloid Science, Vol. 6, pp. 1—99 (New York 1973, Wiley-Interscience). — 2. *Battista, O. A., M. M. Cruz* and *C. F. Ferraro*,

Colloidal Microcrystal Polymer Science, in: Surface and Colloid Science, Vol. 3, pp. 241—279 (New York 1971, Wiley-Interscience). — 3. *Nobel, the Man and His Prizes*, ed. Nobel Foundation (Amsterdam 1962, Elsevier). — 4. *Kerker, M.*, The Scattering of Light (New York 1969, Academic Press). — 5. Light Scattering from Dilute Polymer Solutions, ed. *D. McIntyre* and *F. Gornick* (New York 1964, Gordon & Breach). — 6. *Delahaye, P.*, Double Layer and Electrode Kinetics (New York 1966, Wiley-Interscience). — 7. *Derjaguin, B. V.* and *L. Landau*, Acta Physicochim. 14, 633 (1941). — 8. *Verwey, J.* and *J. Th. G. Overbeek*, Theory of the Stability of Lyophobic Colloids (Amsterdam 1948, Elsevier). — 9. *Pierotti, R. A.* and *H. E. Thomas*, in: Surface and Colloid Science, Vol. 4, pp. 93—260 (New York 1971, Wiley-Interscience). — 10. *Brunauer, S., L. E. Copeland* and *D. L. Kantro*, in: The Solid-Gas Interface, Vol. 1, pp. 77—103 (New York 1967, M. Dekker). — 11. *Smith, D. P.*, Surface Sci. 25, 171 (1971). — 12. *Chang, C. C.*, Surface Sci. 25, 53 (1971). — 13. *Matijević, E.* et al., J. Colloid Interface Sci. 36, 273 (1971). — 14. *McFadyen, P.* and *E. Matjević*, J. Colloid Interface Sci. 44, 95 (1973). — 15. *Brace R.* and *E. Matijević*, J. Inorg. Nucl. Chem. 35, 369 (1973). — 16. Colloid Science — A Report of a Multidisciplinary Panel on the Science of Colloidal Dispersions, Science Research Council (London 1972). — 17. Survey Shows Shortage of Colloid Chemists. Chem. Eng. News 42, 42 (1964). — 18. Surface and Colloid Science, a series of volumes edited by *E. Matijević*, Vols. 1—6 (New York 1969—1973, Wiley-Interscience).

Der Steinkopff Verlag und die Kolloidchemie

Jürgen Steinkopff

Mit 1 Tabelle

Die Geschichte der *Steinkopff* Verlage in Dresden und Darmstadt ist seit Gründung (1908) sehr eng mit der Geschichte der Kolloidchemie im deutschsprachigen Raum verknüpft. Im Vorgängerverlag *Steinkopff* & *Springer* (1898–1908) erschien seit 1906 die „Zeitschrift für Chemie und Industrie der Kolloide" (später „Kolloid-Zeitschrift", heute „Colloid and Polymer Science"). Um sie herum kristallisierten sich seit 1908 eine Vielzahl kolloidwissenschaftlicher und verwandter Publikationen (vgl. Tab. 1).

Tab. 1. Chronologie der im *Steinkopff* Verlag erschienenen Publikationen im Umkreis der Kolloidchemie

1908	*C. Lea*, Kolloides Silber und die Photohaloide
	H. Lüppo-Cramer, Kolloidchemie und Photographie, 1. Aufl.
	Wolfgang Pauli, Kolloidchemische Studien am Eiweiß
	Viktor Pöschl, Einführung in die Kolloidchemie, 1. Aufl.
	B. Szilard, Beiträge zur allgemeinen Kolloidchemie
1909	*Kurt Arndt*, Die Bedeutung der Kolloide für die Technik, 1. Aufl.
	Raphael Eduard Liesegang, Beiträge zu einer Kolloidchemie des Lebens, 1. Aufl.
	Leonor Michaelis, Dynamik der Oberflächen
	Wolfgang Ostwald, Grundriß der Kolloidchemie, 1. Aufl.
	The Svedberg, Die Methoden zur Herstellung kolloider Lösungen anorganischer Stoffe, 1. Aufl.
1910	*J. van Bemmelen*, Die Absorption
	Friedrich Goppelsroeder, Kapillaranalyse
	Jean Perrin, Die Brownsche Bewegung und die wahre Existenz der Moleküle, 1. Aufl.
	Viktor Pöschl, Einführung in die Kolloidchemie, 2. Aufl.
1911	*Kurt Arndt*, Die Bedeutung der Kolloide für die Technik, 2. Aufl.
	Hans Handovsky, Fortschritte der Kolloidchemie der Eiweißkörper
	Wolfgang Ostwald, Grundriß der Kolloidchemie, 2. Aufl.
	Viktor Pöschl, Einführung in die Kolloidchemie, 3. Aufl.
	P. P. von Weimarn, Grundzüge der Dispersoidchemie
1912	*Heinrich Bechhold*, Die Kolloide in Biologie und Medizin, 1. Aufl.
	Wolfgang Ostwald, Die neuere Entwicklung der Kolloidchemie
	Wolfgang Ostwald, Grundriß der Kolloidchemie, 3. Aufl.
	Wolfgang Pauli, Kolloidchemie der Muskelkontraktion
1913	*Leonardo Cassuto*, Der kolloide Zustand der Materie
	Raphael Eduard Liesegang, Geologische Diffusionen

1914	Herbert Freundlich, Kapillarchemie und Physiologie, 2. Aufl.

1914 *Herbert Freundlich*, Kapillarchemie und Physiologie, 2. Aufl.
   Jean Perrin, Die Atome, 1. Aufl.
   R. H. A. Plimmer, Die chemische Konstitution der Eiweißkörper
   Viktor Pöschl, Einführung in die Kolloidchemie, 4. Aufl.
   Sir Edward John Russel, Boden und Pflanze, 1. Aufl.
   Samuel Smiles, Chemische Konstitution und physikalische Eigenschaften
   P. P. von Weimarn, Zur Lehre von den Zuständen der Materie, 2 Bde.
1915 *Paul Ehrenberg*, Die Boden-Kolloide, 1. Aufl.
   Raphael Eduard Liesegang, Die Achate
   Wolfgang Ostwald, Die Welt der vernachlässigten Dimensionen, 1. Aufl.
1916 *Wolfgang Ostwald*, Die Welt der vernachlässigten Dimensionen, 2. Aufl.
1917 *Wolfgang Ostwald*, Grundriß der Kolloidchemie, 4. Aufl.
1918 *Paul Ehrenberg*, Die Boden-Kolloide, 2. Aufl.
   Georg Wiegner, Boden und Bodenbildung in kolloidchemischer Betrachtung, 1. Aufl.
1919 *Heinrich Bechhold*, Die Kolloide in Biologie und Medizin, 2. Aufl.
   Wolfgang Ostwald, Grundriß der Kolloidchemie, 5. Aufl.
   Wolfgang Ostwald, Die Welt der vernachlässigten Dimensionen, 3. Aufl.
   Viktor Pöschl, Einführung in die Kolloidchemie, 5. Aufl.
1920 *Kurt Arndt*, Die Bedeutung der Kolloide für die Technik, 3. Aufl.
   Wolfgang Ostwald, Die Welt der vernachlässigten Dimensionen, 4. Aufl.
   Wolfgang Ostwald, Kleines Praktikum der Kolloidchemie, 1. Aufl.
   Wolfgang Pauli / Emmerich Valko, Kolloidchemie der Eiweißkörper, 1. Aufl.
   Jean Perrin, Die Atome, 2. Aufl.
   The Svedberg, Die Methoden zur Herstellung kolloider Lösungen anorganischer Stoffe, 2. Aufl.
1921 *H. Lüppo-Cramer*, Kolloidchemie und Photographie, 2. Aufl.
   Wolfgang Ostwald, Grundriß der Kolloidchemie, 6. Aufl.
   Wolfgang Ostwald, Die Welt der vernachlässigten Dimensionen, 5./6. Aufl.
   Wolfgang Ostwald, Die Welt der vernachlässigten Dimensionen, 7./8. Aufl.
   Wolfgang Ostwald, Kleines Praktikum der Kolloidchemie, 2. Aufl.
1922 *Hans Handovsky*, Leitfaden der Kolloidchemie für Mediziner und Biologen, 1. Aufl.
   H. Lüppo-Cramer, Kolloidchemie und Photographie, 3. Aufl.
   Wolfgang Ostwald, Kleines Praktikum der Kolloidchemie, 3. Aufl.
   Paul Ehrenberg, Die Boden-Kolloide, 3. Aufl.
1923 *Ernst Joel*, Klinische Kolloidchemie
   Raphael Eduard Liesegang, Beiträge zu einer Kolloidchemie des Lebens, 3. Aufl.
   Raphael Eduard Liesegang, Kolloide in der Technik, 1. Aufl.
   Wolfgang Ostwald, Grundriß der Kolloidchemie, 7. Aufl.
   Wolfgang Ostwald, Kleines Praktikum der Kolloidchemie, 5. Aufl.
   Jean Perrin, Die Atome, 3. Aufl.
   Viktor Pöschl, Einführung in die Kolloidchemie, 6. Aufl.
   Heinrich Schade, Die physikalische Chemie in der Inneren Medizin, 2. und 3. Aufl.
1924 *Herbert Freundlich*, Kolloidchemie und Biologie
   W. W. Lepeschkin, Kolloidchemie des Protoplasmas, 1. Aufl.
   Raphael Eduard Liesegang, Chemische Reaktionen in Gallerten, 2. Aufl.
   Wolfgang Ostwald, Licht und Farbe in Kolloiden
1925 *Andor Fodor*, Die Grundlagen der Dispersoidchemie
   Hans Handovsky, Leitfaden der Kolloidchemie für Mediziner und Biologen, 2. Aufl.
   Max Samec, Studien über Pflanzenkolloide
   P. P. von Weimarn, Die Allgemeinheit des Kolloidzustandes, 2. Aufl.

1926 Festschrift für *Richard Ambronn*
Herbert Freundlich, Fortschritte der Kolloidchemie
Raphael Eduard Liesegang, Kolloidchemie
Wolfgang Ostwald, Kleines Praktikum der Kolloidchemie, 6. Aufl.
1927 *Wolfgang Ostwald*, Neue Beiträge zur reinen und angewandten Kolloidwissenschaft
Ernst A. Hauser, Latex
Raphael Eduard Liesegang, Kolloidchemische Technologie, 1. Aufl.
Ramann-Sonderheft
Josef Reitstötter, Die Herstellung kolloider Lösungen anorganischer Stoffe
Wolfgang Ostwald, Die Welt der vernachlässigten Dimensionen, 9./10. Aufl.
1927/28 *Martin H. Fischer*, Kolloidchemie der Wasserbindung, 2 Bde.
1928 *Raphael Eduard Liesegang*, Biologische Kolloidchemie
1929 *Heinrich Bechhold*, Die Kolloide in Biologie und Medizin, 5. Aufl.
Emil Hatschek, Die Viskosität der Flüssigkeiten
A. Reifenberg, Die Entstehung der Mediterran-Roterde (Terra Rossa), ein Beitrag zur angewandten Kolloidchemie
1930 *Wolfgang Ostwald*, Kleines Praktikum der Kolloidchemie, 7. Aufl.
Mona Spiegel-Adolf, Die Globuline
1931 Generalregister zur Kolloid-Zeitschrift, Band 1—50
Hans Kohl, Kolloidchemie in der Keramik
Raphael Eduard Liesegang, Kolloidchemie des Glases
P. H. Prausnitz / J. Reitstötter, Elektrophorese, Elektroosmose, Elektrodialyse in Flüssigkeiten
Georg Wiegner, Boden und Bodenbildung in kolloidchemischer Betrachtung
1932 *Alfred Kuhn*, Wörterbuch der Kolloidchemie
E. L. Lederer, Kolloidchemie der Seifen
Raphael Eduard Liesegang, Kolloidchemische Technologie, 2. Aufl.
Willy Schmitt, Kolloidreaktionen der Rückenmarkflüssigkeit
1933 *Otto Gerngross / Ernst Goebel*, Chemie und Technologie der Leim- und Gelatine-fabrikation (Klebstoffe)
André Marcelin, Oberflächenlösungen
Wolfgang Pauli / Emmerich Valko, Kolloidchemie der Eiweißkörper, 2. Aufl.
1934 *Heinrich Bechhold*, Einführung in die Lehre von den Kolloiden
O. Hassel, Kristallchemie
Ferdinand Hercik, Oberflächenspannung in der Biologie und Medizin
1935 *Martin H. Fischer / Marian Hooker*, Die lyophilen Kolloide
Franz Kainer (Krczil), Adsorptionstechnik
L. Lichtwitz / R. E. Liesegang / K. Spiro, Medizinische Kolloidlehre
Wolfgang Ostwald, Kleines Praktikum der Kolloidchemie, 8. Aufl.
Wolfgang Ostwald, Metastrukturen der Materie
1936 *A. Buzágh*, Kolloidik
Gerhard Herzberg, Atomspektren und Atomstruktur
R. Kremann, Zusammenhänge zwischen physikalischen Eigenschaften und chemischer Konstitution
Raphael Eduard Liesegang, Kolloidfibel für Mediziner, 1. Aufl.
Sir Edward John Russel, Boden und Pflanze, 2. Aufl.
1937 *Wilhelm Jost*, Diffusion und chemische Reaktionen in festen Stoffen
Wolfgang Ostwald, Die Welt der vernachlässigten Dimensionen, 11. Aufl.
1938 *H. H. Bennhold / E. Kylin / St. Rusznyák*, Die Eiweißkörper des Blutplasmas
R. Houwink, Elastizität, Plastizität und Struktur der Materie, 1. Aufl.

1938	W. W. *Lepeschkin*, Kolloidchemie des Protoplasmas, 2. Aufl.
1939	D. *Balarew*, Der disperse Bau der festen Systeme
	C. *Häbler*, Physiko-chemische Medizin nach *Heinrich Schade*
	Gerhard Herzberg, Molekülspektren und Molekülstruktur
	Max Volmer, Kinetik der Phasenbildung
1940	G. W. *Scott-Blair*, Einführung in die technische Fließkunde
	The Svedberg / K. O. *Pedersen*, Die Ultrazentrifuge
1941	*Max Samec*, Die neuere Entwicklung der Kolloidchemie der Stärke
	Anton Skrabal, Homogenkinetik
1942	*Raphael Eduard Liesegang*, Kolloidfibel für Mediziner, 2. Aufl.
	Wladimir Philippoff, Viskosität der Kolloide
1943	R. *Kremann*, Zusammenhänge zwischen physikalischen Eigenschaften und chemischer Konstitution, 2. Aufl.
1944	*Raphael Eduard Liesegang*, Kolloide in der Technik, 2. Aufl.
	Raphael Eduard Liesegang, Kolloidfibel für Mediziner, 3. Aufl.
	Alfred Lottermoser, Kurze Einführung in die Kolloidchemie, 1. Aufl.
	Wolfgang Ostwald, Die Welt der vernachlässigten Dimensionen, 12. Aufl.
1948	*Alfred Lottermoser*, Kurze Einführung in die Kolloidchemie, 2. Aufl.
	Hans Umstätter, Strukturmechanik
1949	*Erich Manegold*, Grundriß der Kolloidkunde
1950	R. *Houwink*, Elastizität, Plastizität und Struktur der Materie, Nachdruck der 1. Aufl.
	Heinrich Thiele, Praktikum der Kolloidchemie
1951	*Martin H. Fischer* / *Werner J. Suer*, Der kolloide Aufbau der lebenden Substanz
1953	*Fritz Heepe*, Die unspezifischen Bluteiweißreaktionen
1954	*Werner Brügel*, Einführung in die Ultrarotspektroskopie, 1. Aufl.
	Alfred Lottermoser, Kurze Einführung in die Kolloidchemie, 3. Aufl.
1955	*Lionel John Bellamy*, Ultrarot-Spektrum und chemische Konstitution, 1. Aufl.
1957	*Werner Brügel*, Einführung in die Ultrarotspektroskopie, 2. Aufl.
	R. *Houwink*, Elastizität, Plastizität und Struktur der Materie, 2. Aufl.
	Wilhelm Jost, Diffusion, 1. Aufl.
	Bruno Kisch, Der ultramikroskopische Bau von Herz und Kapillaren
1958	*Berthold Honigmann*, Gleichgewichts- und Wachstumsformen von Kristallen
1959	*Kenneth Denbigh*, Prinzipien des chemischen Gleichgewichts, 1. Aufl.
	F. *Kaindl* / K. *Polzer* / F. *Schuhfried*, Rheographie, 1. Aufl.
	H. *Reuther*, Silikone, 1. Aufl.
	W. *Tischendorf*, Klinik der Kollagenkrankheiten (Kollagenosen)
1961	W. *Albring*, Angewandte Strömungslehre, 1. Aufl.
1962	W. *Albring*, Angewandte Strömungslehre, 2. Aufl.
	J. *Brandmüller* / H. *Moser*, Einführung in die Ramanspektroskopie
	Werner Brügel, Einführung in die Ultrarotspektroskopie, 3. Aufl.
	Hans Strehlow, Magnetische Kernresonanz und chemische Struktur, 1. Aufl.
1963	*Rolf Haase*, Thermodynamik der irreversiblen Prozesse
	Kurt Schwabe, pH-Meßtechnik, 3. Aufl.
	Gerhard Schwarz, Das C-reaktive Protein
1964	H. J. *Fiedler*, Die Untersuchung der Böden, 2 Bde., 1. Aufl.
	Reinhard Schlögl, Stofftransport durch Membranen
1965	H. W. *Delank*, Das Eiweißbild des Liquor cerebrospinalis
	H. J. *Fiedler*, Die Untersuchung der Böden, 2 Bde., 2. Aufl.
1966	W. *Albring*, Angewandte Strömungslehre, 3. Aufl.
	Lionel John Bellamy, Ultrarot-Spektrum und chemische Konstitution, 2. Aufl.

1966   G. Reich, Kollagen
1967   Werner Brügel, Kernresonanzspektrum und chemische Konstitution, Festgabe für
       F. Horst Müller
       F. Kaindl / K. Polzer / F. Schuhfried, Rheographie, 2. Aufl.
1968   K. Kühne, Glas, 1. Aufl.
       Hans Strehlow, Magnetische Kernresonanz und chemische Struktur, 2. Aufl.
1969   G. W. Becker / F. H. Müller, Kristallisationserscheinungen in Hochpolymeren
       Werner Brügel, Einführung in die Ultrarotspektroskopie, 4. Aufl.
       H. Reuther, Silikone, 2. Aufl.
1970   W. Albring, Angewandte Strömungslehre, 4. Aufl.
       Hans Heeger, Klinische Rheokardiographie
       W. Pepperhoff / H.-H. Ettwig, Interferenzschichten-Mikroskopie
1971   K. Kühne, Glas, 2. Aufl.
       B. Warburton, Rheology in Medicine and Pharmacy
1972   W. Jost / K. Hauffe, Diffusion, 2. Aufl.
1973   H. J. Fiedler, Methoden der Bodenanalyse, 2 Bde.
       Rolf Haase, Transportvorgänge
       Gerhard Herzberg, Molekülspektroskopie
       H. Sajonski / A. Smollich, Zelle und Gewebe, 2. Aufl.
1974   Lionel John Bellamy, Ultrarot-Spektrum und chemische Konstitution, Neuausgabe
       der 2. Aufl.
       Kenneth Denbigh, Prinzipien des chemischen Gleichgewichts, 2. Aufl.
       Karl Hensen, Theorie der chemischen Bindung
1975   Kurt Edelmann, Kolloidchemie
       Jürgen Steinkopff (Hrsg.), Konzepte der Kolloidchemie
1976   Ch. Ebert / G. Ebert, Biopolymere
       Alois Fadini, Molekülkraftkonstanten
       E. W. Fischer / H. Ewen, Molekülphysik

Sammlungen

Aktuelle Probleme der Polymer-Physik, seit 1970 (bisher 6 Bände)
Die chemische Reaktion, 1933—1942 (6 Bände)
Fortschritte der physikalischen Chemie, seit 1957 (bisher 10 Bände)
Grundzüge der Physikalischen Chemie, seit 1973 (10 Bände)
Handbuch der Kolloidwissenschaft, 1924—1942 (9 Bände)
Marburger Diskussionstagungen, 1951—1959 (3 Bände)
Spezielle Anorganische Chemie, ab 1976
Verhandlungsberichte der Kolloid-Gesellschaft, seit 1922 (bisher 26 Bände)

Zeitschriften

Colloid and Polymer Science (seit 1906), Monatsschrift
Progress in Colloid and Polymer Science (seit 1909), jährlich ca. 1—2 Ausgaben
Rheologica Acta (seit 1958), Monatsschrift.

Theodor Steinkopff (1870—1955) fand frühzeitig in Wolfgang Ostwald (1883 bis
1943) den kongenialen wissenschaftlichen Partner für seine verlegerischen Ideen.
1922—1945 Schatzmeister der von ihm mit begründeten Kolloid-Gesellschaft,
seit 1940 Träger der Laura-Leonard-Medaille und seit 1953 Ehrenmitglied der

Kolloid-Gesellschaft, wandte er als wissenschaftlicher Verleger seine ganze Kraft an die publizistische Durchsetzung und Förderung der Kolloidwissenschaft. Auch für diese Verdienste wurde ihm bereits 1928 der Dr.-Ing. E. h. durch die Technische Hochschule Dresden verliehen. Es entspricht dieser Tradition, wenn seit 1968 die Geschäftsstelle der Kolloid-Gesellschaft wieder im *Steinkopff* Verlag verwaltet wird. 1936 und 1941 fanden Tagungen der Kolloid-Gesellschaft in Dresden als dem Verlagssitz statt, die vom Verlag wesentlich mit ausgestaltet wurden. In der Linie dieser Tradition liegt die 1975 in Darmstadt stattfindende Tagung, deren Thema „Kolloidchemie heute" an das Thema der 1. Kolloid-Tagung in Leipzig 1922 („Kolloidchemie der Gegenwart") wieder anknüpft, und die wiederum vom *Steinkopff* Verlag mit gestaltet wird.

Für die Zeit von 1908 bis 1945 — der ersten Blütezeit der Kolloidchemie des 20. Jahrhunderts — war der Verlag, wie die umfangreiche Chronologie in Tab. 1 zeigt, der Kristallisationspunkt für deutschsprachige kolloidwissenschaftliche Publikationen schlechthin.

Beim Neuaufbau des Verlages nach dem Zweiten Weltkrieg in der Bundesrepublik Deutschland stand zunächst die Fortführung der „Kolloid-Zeitschrift" (heute „Colloid and Polymer Science") im Vordergrund der verlegerischen Bemühungen. Es folgten die „Verhandlungsberichte der Kolloid-Gesellschaft", nachdem *Hans Erbring* 1949 die Kolloid-Gesellschaft neu begründet hatte. Durch *F. Horst Müller* kam der aktuelle Bereich der Polymere oder Makromoleküle hinzu, durch *Walter Meskat* schließlich die den Kolloid- und Polymerwissenschaften verwandte Rheologie. Freilich hatte das Kriegsende 1945 in Deutschland zunächst auf lange Frist nahezu alle die mühevoll geschaffenen wenigen Stätten kolloidwissenschaftlicher Forschung und Lehre zerstört. Dadurch kam der Kolloid-Zeitschrift und der Kolloid-Gesellschaft eine wichtige Vermittlerfunktion zu: Gesellschaft wie Zeitschrift waren durch viele Jahre hindurch die einzigen Foren für einen lebhaften Gedankenaustausch zwischen Kolloidwissenschaftlern aus aller Welt auf deutschem Boden.

Dietrich Steinkopff (1901–1970), der Sohn des Verlagsgründers, legte die Grundlagen für diese Entwicklung der Verlagsarbeit nach dem Zweiten Weltkrieg, auch wenn es ihm nicht mehr vergönnt war, den neuen internationalen Aufschwung der Kolloidchemie unserer Tage zu erleben. Die damit verbundenen Aufgaben zu erkennen und publizistisch wahrzunehmen blieb der dritten Verlegergeneration vorbehalten, die damit zugleich an das Erbe einer großen Vergangenheit in zeitgemäßer Weise anzuknüpfen bemüht ist.

Die Darmstädter Kolloid-Tagung 1975 ist für den Verlag ein willkommener Anlaß, sich künftig wieder stärker, als es seither möglich war, kolloidwissenschaftlichen Publikationen zu widmen. Dabei leitet uns die Hoffnung und Erwartung, daß mit der Darmstädter Tagung ein neues Kapitel der modernen Kolloidchemie in Deutschland aufgeschlagen wird.

Die Darmstädter Tagung hat u. a. einen Schwerpunkt in der Betonung der Beziehungen zwischen Kolloidchemie und Pharmazie. Wurde diese Beziehung früher im Bereich der klassischen Galenik besonders sichtbar, so zeigt sie sich heute besonders im Umkreis der pharmazeutischen Technologie, die ja aus der klassischen Galenik erwachsen ist. Auch damit wird zugleich an eine langjährige

Tradition des Verlages angeknüpft, denn als eine der ersten verlegerischen Früchte aus der Pflege der damals noch jungen und umstrittenen Kolloidchemie ergab sich nach 1908 als zweiter Verlagsschwerpunkt eine Fülle von Publikationen im Fachbereich Pharmazie. Nach dem zweiten Weltkrieg näherten wir uns diesem Bereich verlegerisch erneut über die medizinische Pharmakotherapie, die Pharmakologie, die Ernährungswissenschaft und die Lebensmittelchemie. Diese Entwicklung ist noch in vollem Gange und dürfte künftig verstärkt auch wieder pharmazeutische Publikationen mit einschließen.

Darmstadt als Ort namhafter Häuser der modernen Pharma-Industrie bietet zweifellos günstige Voraussetzungen für eine fruchtbare Begegnung zwischen Kolloidchemikern und Pharmazeuten, aber auch für den Beginn eines neuen Dialogs zwischen Kolloidchemie und Pharmazie nach relativ langer „Funkstille" zwischen beiden Disziplinen. Der Verlag ist wie in früheren Jahren bereit, einer künftig verstärkten Zusammenarbeit von Kolloidchemikern und Pharmazeuten zu dienen.

Der kurze Blick auf eine lange, weitgehend gemeinsame, Geschichte sollte dazu dienen, den Blick nach vorn in eine möglicherweise auch weitgehend gemeinsame Zukunft zu schärfen. Spätestens seit *Carl Friedrich von Weizsäckers* Theorie von den Zeitmodi wissen wir stärker als zuvor von den zeitlichen Verschränkungen und Wechselbeziehungen, aber auch, daß jeder Vergangenheit eine Zukunft schon innewohnt und daß jede Zukunft ein Stück Vergangenheit schon in sich birgt. Erst wenn wir das überkomme punktuell-lineare Zeit-Denken verlassen, bleiben wir vor einer Überschätzung der Zukunft ebenso bewahrt wie vor einer Verherrlichung (oder Verleugnung!) der Vergangenheit und denken bescheidener über die Rolle, die wir selbst bestenfalls im Ablauf von Entwicklungen übernehmen können. Die Welt der oft vernachlässigten Dimensionen *(Wolfgang Ostwald)* hat zweifellos noch nichts von ihrer Faszination (aber auch von ihrer Aktualität) eingebüßt.

Kolloidchemie im Verbundsystem der Naturwissenschaften

H. W. Kohlschütter *)

In allen Epochen der Kolloid-Geschichte haben zwei Begriffe mit den zugehörigen Phänomenen eine besonders große Bedeutung erreicht:

Keimbildung und *Keimwachstum* für feste, für flüssige
und für gasförmige Phasen.

Es darf uns nicht verwirren, daß die Chemie, die für den Einzelfall gebraucht wird, verschieden aussehen oder verschieden umfangreich sein kann. Es besteht zunächst auch kein Grund, niedermolekulare und hochmolekulare Verbindungen auseinanderzuhalten. *Die Mannigfaltigkeit der Kolloidchemie entwickelt sich aus dem Keim-Bereich.*
Ich benutze zwei neuere Beispiele, deren Vorgeschichte allgemein bekannt ist.

Erstes Beispiel

Die *Aufdampftechnik für Metalle im Ultra-Hochvakuum* hatte gebracht:
Die unmittelbare Beobachtbarkeit der Keimbildung und des Keimwachstums von Einkristallen mit ihren Zwillingen unter Ausschluß von Fremdstoffen.
Weiterhin hat die Aufdampftechnik gebracht:
Die Herstellung disperser und zusammenhängender Metall-Schichten, sowie anorganischer Verbindungen in dispersen Schichten im großtechnischen Maßstab.
Anschließend kam die Synthese metall-organischer Verbindungen durch Reaktion atomar verdampfter Metalle mit vorgelegten Liganden.
Eine typisch kolloidchemische Folge aller dieser Entwicklungen war die gebremste Aggregation von Metall-Atomen.
Klabunde (1974) verdampfte Magnesium und fing die Atome in Tetrahydrofuran bei −196° auf. Sie gaben Elektronen ab (an der Verfärbung der Matrix erkennbar). Erst beim Auftauen der Matrix fand eine mäßige (moderately) Aggregation statt. Es bildete sich ein Schlamm (slurry) von Magnesium. Dieser lieferte bei der Trocknung ein extrem aktives Magnesiumpräparat. Mit ihm sprangen *Grignard*-Synthesen ohne Katalysator an.
Gerischer (1975) verfolgt z. Zt. den Übergang von matrix-isolierten Metall-Atomen zu kristallinem Metall spektroskopisch.

---

*) Dieser Beitrag entstand unter dem Eindruck vieler Diskussionen, die während der Vorbereitungen für die Tagung „Kolloidchemie heute" (27. Hauptversammlung der Kolloid-Gesellschaft 1975) stattfanden.

Zweites Beispiel

Chemisch komplizierter sind *Keimbildung und Keimwachstum für kugelförmige Hydroxid-Teilchen in wäßrigen Systemen.*
Iler (1973) nahm Keime aus verdünnten Polykieselsäure-Solen. Er fütterte sie mit niedermolekularen Kieselsäuren und kam zu Kugeln von Xerogel. Diese Kugeln konnte er auf einer Glasplatte reversibel zu Monoschichten und Polyschichten zusammenschieben. Die Regelmäßigkeit der Kugel-Packungen erzeugte Interferenzfarben.
Schon der kleine Schritt im Periodensystem von Element 14 Si zum Nachbarelement 13 Al ändert die Bedingungen für die Züchtung eines kugelförmigen Hydroxids wesentlich.
Iler konnte seine Kugeln von Polykieselsäuren wachsen lassen, ohne eine Deformation durch Kristallisation befürchten zu müssen. Weil in Al-O-Bindungen höhere polare Anteile enthalten sind, ist die Tendenz der Kristallisation in amorphen Al-Hydroxiden größer. *Matijevic* (1973) mußte deshalb einen chemischen Umweg über die stufenweise Hydrolyse der Al-Ionen zu höhermolekularen basischen Al-Kationen machen. Nur bei der Beachtung einer großen Zahl von Parametern erhielt er kugelförmige Teilchen als Produkte gestörter Kristallisation.
Wenn der Weg zum kugelförmigen Teilchen durch Keimbildung und Keimwachstum mühsam wird, dann gewinnt die Umkehrung an Bedeutung. Dabei wird zuerst die Kugelform als Tropfen einer Emulsion oder einer versprühten Lösung angelegt. In dem Tropfen bilden sich die Gele. Dieses in vielen Stoffsystemen erprobte Verfahren hat technologische Vorzüge. Es ist robust. Die Teilchengröße kann durch mechanische Turbulenz geregelt werden. Die UK Atomic Energy Authority (1973) hat aus verdünnten Solen von Titandioxidhydrat Rutil-Kugeln erzeugt. Diese sind für Plasmabrenner interessant. Sie können für weitere Umsetzungen in Festkörperreaktionen eingesetzt werden.
Das *kugelförmige Teilchen* hat in der Kolloid-Geschichte eine große Rolle gespielt. Wir können auch jetzt die Kugel als ein vereinfachendes Symbol ansehen, als ein Symbol für die vielen anderen Teilchenformen fester Stoffe, die in der Kolloidchemie beherrscht werden müssen. Wir kommen in der Stoffwelt nicht aus mit einer bloß geometrischen Systematik „sphärischer", „planarer", „linearer" Teilchen.
Das Metall-Beispiel und das Oxid-Beispiel enthalten ein kontinuierliches Spektrum zwischen Theorie und Anwendungen. Nach der Beschreibung dieser konkreten Beispiele dürfen wir nun, mit Vorsicht, verallgemeinern.
Auf dem Weg über Keimbildung und Keimwachstum zu Teilchen überschreiten wir eine Grenze. *Vor* dieser Grenze wird die Präzision bei Reproduktionen von Atomverbänden durch chemische Bindungen und stereochemische Koordinationen bewirkt. *Nach* dieser Grenze kommen wir zu den Spielarten der *Aggregationen:*

(1) Primärteilchen, (2) Sekundärteilchen, Mizellen,
(3) zusammenhängende Gele, (4) lockere Haufwerke von Körnern ...

Die Präzision bei Reproduktionen dieser Aggregationen wird nicht nur durch chemische Bindungen und stereochemische Koordinationen bewirkt. Sie wird zusätzlich durch variable Parameter der Stoffsysteme bewirkt, in denen sie entstehen. Das hat zur Folge, daß die *Kybernetik, die Lehre von gesteuerten Vorgängen* Bedeutung gewinnt.

In den Aggregationen treffen wir auf Strukturen, die durch Integrieren (nicht Addieren) von Untereinheiten entstehen. Der Begriff „Komplexität" wird notwendig. Je mehr Integrationsschnitte in der Struktur einer Aggregation vorkommen, um so höher ist ihre Komplexität. Für nichtflüchtige Produkte der Keimbildung und des Keimwachstums gilt: Sie erscheinen nur im Ultra-Hochvakuum isoliert; in den vollständigen „Kolloiden Systemen" erscheinen sie als disperse Phasen inmitten zusammenhängender Phasen mit den Phasengrenzen zwischen diesen Phasen.

Der ausübende Chemiker benutzt bei der *Beschreibung disperser Phasen* überwiegend den Ausdruck „*Verteilungszustände*". Den Ausdruck „Aggregationen" benutzt er vorzugsweise dann, wenn disperse Phasen über Keimbildung und Keimwachstum fester Stoffe abgeleitet werden. Mit dem kombinierten Ausdruck „*Kolloide Verteilungszustände*" knüpft er an die historische Abgrenzung der Kolloidchemie an; er bindet sich aber dabei nicht mehr streng an vorgeschriebene Grenzen für Teilchengrößen.

Folgerungen für „Kolloidchemie heute"

Den Begriff *Kolloides System* benutzen wir in unserem Sprachgebrauch für die gesamte Mannigfaltigkeit, die aus dem anfangs erwähnten Keim-Bereich entsteht. Da aber Mannigfaltigkeit schwierig zu behandeln ist, sind auch heute noch Diskussionen über Kolloidchemie im Gang, deren Ursprung weit zurückliegt.

Beispiele:

1. Das Rückgrat der Kolloidchemie ist in allen ihren Teilen *Physikalische Chemie.* Diese Aussage ist selbstverständlich. Sie ist jedoch nicht ausreichend für eine Abgrenzung und für eine Beschreibung der Eigenart der Kolloidchemie. Kolloidchemie ist kein Anhängsel der physikalischen Chemie. Es ist wahrscheinlich auch nicht sinnvoll, Kolloidchemie als eine Grenzwissenschaft zu bezeichnen.
2. Die Phänomene der Kolloidchemie werden auf Zubringerwegen aus allen Naturwissenschaften in die Kolloidchemie eingebracht. Kolloidchemie muß deshalb *im Verbundsystem der Naturwissenschaften* gesehen werden. Diese Konzeption ist wichtig. Sie setzt eine universelle naturwissenschaftliche Einstellung voraus. Umgekehrt gibt sie der Kolloidchemie die Chance einer vielseitigen wissenschaftlichen Anregung. Das Eindringen der Kolloidchemie in andere naturwissenschaftliche Disziplinen kann nicht nur unter einer Rubrik „Anwendungen der Kolloidchemie" behandelt werden. Dieses sogenannte Eindringen ist die Folge einer wissenschaftlichen Wechselwirkung.
3. Auch „Verbundsystem" ist zunächst eine leere Aussage. Diese muß mit konkreten Zielen ausgefüllt werden.
Ein einzelnes Beispiel für ein solches *Ziel* ist zur Zeit die *Bewältigung der Komplexität in der Struktur von Aggregationen fester Stoffe.* Praktisch bedeutet

diese Formulierung die Aufklärung der Untereinheiten und der Integrations-schritte in den Aggregationen.

Es kann aber auch ein *Beispiel* für die *Methode* angegeben werden, die bei der Verfolgung des Zieles angewandt werden muß. Sie lautet: *Präparative Chemie und Physikalische Chemie müssen schon am Einzelobjekt noch näher zusammen-rücken.*

Wie kann man diese Forderung anschaulich machen?

Nachweisbar ist: In der ersten Hälfte unseres Jahrhunderts kam es vor, daß zur Klassifizierung von Aggregationen fester Stoffe chemische Fällungsreaktionen benutzt wurden. Einige der damals schon notwendigen physikalischen Meß-methoden waren jedoch noch zu umständlich. Es blieb deshalb oft bei qualitativen Aussagen.

Nachweisbar ist: In der zweiten Hälfte unseres Jahrhunderts kam es vor, daß an Aggregationen fester Stoffe subtile physikalische Messungen angesetzt wur-den, bevor die präparative Reproduktion der Aggregationen mit genügender Präzision beherrscht wurde. Auch in solchen Fällen würde eine Lücke in der Aufklärung der Komplexität bleiben.

4. Man sollte die Anregungen nicht unterschätzen, die heute noch von der histo-rischen Formulierung „vernachlässigte Dimensionen" ausgehen können. Ander-seits darf man diese Formulierung nicht mehr für eine zahlenmäßige Abgrenzung der Kolloidchemie allein mit Teilchengrößen benutzen. Im Vordergrund der Be-deutung für Theorie und Anwendungen stehen heute die Fragen nach der Komplexität der Strukturen in dispersen Phasen und der Komplexität in kolloiden Systemen als Ganzheit (= disperse Phasen, zusammenhängende Phasen und Phasengrenzen). Neben den unendlich mannigfaltigen biologischen Systemen liefern die einfachsten Modelle für diese Aussage synthetische poröse Stoffe.

Autorenverzeichnis

Sachverzeichnis

KOLLOID-GESELLSCHAFT e. V.

Geschäftsstelle:

D-6100 Darmstadt, Saalbaustraße 12, Postfach 1008, Telefon 0 61 51 / 2 65 38, Telex 419 627 stvda d (Steinkopff Verlag)

Vorstand:

Prof. Dr. *Armin Weiss*, München (Vorsitzender)
Prof. Dr. *Hermann Lange*, Düsseldorf und *Jürgen Steinkopff*, Darmstadt (stellvertretende Vorsitzende)

Arbeitsgemeinschaften der Kolloid-Gesellschaft:

AG Dispersionen, Emulsionen, Aerosole (Verantwortlich: Prof. Dr. *R. H. Ottewill*, Bristol und Dr. *H. Schuller*, Ludwigshafen)
AG Grenzflächen (Verantwortlich: Prof. Dr. *H. P. Boehm*, München)
AG Ionenaustausch und Membranen (Komm. verantwortlich: Prof. Dr. *A. Weiss*, München)
AG Pharmazeutische Technologie (Komm. verantwortlich: Prof. Dr. *A. Weiss*, München)
AG Polymere (Verantwortlich: Prof. Dr. *G. Kanig*, Ludwigshafen und Prof. Dr. *F. H. Müller*, Marburg/Lahn)
AG Tenside (Verantwortlich: Prof: Dr. *H. Lange*, Düsseldorf)

Publikationsorgane der Kolloid-Gesellschaft:

CPS — Colloid and Polymer Science (Kolloid-Zeitschrift & Zeitschrift für Polymere) — Monatsschrift — Seit 1906.
PCPS — Progress in Colloid and Polymer Science (Fortschrittsberichte über Kolloide und Polymere) — Zwanglose Supplementa zur CPS (Fortsetzung der Kolloid-Beihefte) — Seit 1909.
Mitteilungen der Kolloid-Gesellschaft — Zwanglose Beilage zur CPS — Seit 1922.
Verhandlungsberichte der Kolloid-Gesellschaft — Seit 1922.
Handbuch der Kolloidwissenschaft — 1924—1942 (9 Bände).

Ehrungen der Kolloid-Gesellschaft:

Ehrenmitglieder:
P. Debye † — H. Erbring — M. H. Fischer † — M. L. Huggins — M. Samec † — Th. Steinkopff † — The Svedberg †.

Laura-R.-Leonard-Preis:
Wo. Pauli (1923) — R. Szigmondy (1923) — M. H. Fischer (1924) — H. Siedentopf (1925) — H. Ambronn (1926) — A. Lottermoser (1927) — H. Freundlich (1928) — R. E. Liesegang (1929) — H. Bechhold (1930) — Agnes Pockels (1931) — P. P. von Weimarn (1932) — G. Wiegner (1933) — A. Imhausen (1935) — L. Ubbelohde (1936) — M. Samec (1938) — Th. Steinkopff (1940) — H. Lüppo-Cramer (1941).

Felix-Cornu-Preis:
R. E. Liesegang (1924).

Thomas-Graham-Preis:
Wo. Ostwald (1926) — E. Erbring (1969) — H. W. Kohlschütter (1975).

Wolfgang-Ostwald-Preis:
O. Kratky (1961) — F. H. Müller (1963) — U. Hofmann (1965) — W. Noll (1971) — G. Rehage (1973) — B. Tamamushi (1975).

Richard-Zsigmondy-Stipendium:
K. Kühn (1961 — R. C. Schulz (1961) — K. Hummel (1961) — H.-G. Kilian (1963) — E. Brandt (1963) — W. Funke (1965) — K. Ebert (1965) — G. Lagaly (1969) — W. Borchard (1973) — H. Knözinger (1975).

Made in the USA
Monee, IL
07 July 2026

56646387R00089